建筑理论·设计译丛

危险的设计

——从建筑的设计与使用时发生的事故中学习

[日] 日经建筑　编

王蕊　译

中国建筑工业出版社

前言

大部分人应该都相信"建筑是安全的场所"。但不幸的是，住宅和建筑物也会给居住者和使用者带来伤害，甚至因设计导致使用者死亡的情况也时常发生。例如，因为一点高差让老年人摔倒最终导致死亡的案例正在增加。伴随着老龄化的发展，这样的案例估计还会增加。

近年，在电视和报纸等媒体上大肆报道并处理了几起与建筑相关的事故。儿童从天窗上坠落的事故、外立面材料的瓷砖脱落造成的事故等，都是其中的代表事例。

大多数这样的事故在过去都发生过类似情况。同样的事故重复发生的原因之一就是没有充分吸取失败的教训。事故相关信息只是由当事人掌握，而发生事故的建筑的设计师、施工人员和管理者则很难掌握充分的信息。即使是电视和报纸的报道中，详细报道事故的情况和技术性的处理对策的情况也很少。让事故当事人以外的人如建筑师，去提防止事故发生的对策或解决方案就不是容易的事了。

但是，像开始提到的那样，市民认为建筑物有很高的安全性是理所当然的事。如果违背了市民这种期待的话，可能需要付出很大的代价。从保护消费者这一点来讲，需要被重视起来。即使是诉讼中，也有这种很明显的倾向。这种不吸取过去事故教训导致重复发生同类事故的情况，加大了社会追究事故方责任的严厉性。

通过报道过去的事故，来防止新的事故发生——日经建筑正是基于这样的信念多次报道事故。在这种报道的取材中，也有令人望而生畏的时候。尽管如此，大多数有亲身经历的人对我们的想法还是给予了理解，公开了痛苦的经历。

日经建筑的事故报道中，有虽满足建筑基本法律、法规却仍发生事故的原因介绍，也有因为人的行动引发事故的情况分析，最终是为防止事故发生。不只是报道简单的现象，在考虑设计和维护管理方面以及挖掘从事故中发现的技术性的问题和解决对策等的背景下，才会存在这样的多方配合。

本书中的大多数案例，是将担任设计、施工和管理的日经建筑对读者认为"很有帮助"的报道进行了再次编写。为了使读者便于使用，按照"门窗"和"屋顶·顶棚"等建筑物的部位分类，介绍了事故的事例及防止事故发生的对策。并且，不仅是事故、事例，也收录了专家经过现场验证之后积极引入的考虑高安全性的通用设计设施的内容。

本书使事故的信息在建筑界可以共同分享，希望可以在提高建筑物的安全性和社会对建筑界的信赖上起到帮助作用。

•本书记载中的公司名称和个人的称呼，原则上是按照案例发生时的报道中使用的原称呼，最初报道和刊载报道的笔者请参见本书第220页。

窗户

[事例] 三菱商社大厦

撤去半钢化玻璃

2009年7月由于从东京丸之内的超高层建筑掉落来的玻璃片，
发生了造成通行人受伤的事故。
原因是玻璃内包含的不纯物形成的自然破损。

建材掉落

2009年7月，由三菱商社建在东京丸之内的三菱商社大厦（以下简称"三菱商社大厦"）发生了玻璃从高空坠落的事故，最终用撤去520块用在塔楼上的半钢化玻璃来解决这一事故。2010年7月14日完成了南面和东面的撤去玻璃的工作，北面工程预计2010年9月工程完工。

玻璃从100米高的位置落在了地面上，玻璃碎片造成一个过路人受伤。用于塔楼上的玻璃高2.5m，宽2m，厚1.2cm，重约150kg。

建筑的管理者三菱商社，要求作为设计和监理公司的三菱地所设计和施工JV的干事公司竹中建设公司调查清楚事故的原因，并提出根本的对策。竹中建设公司对塔楼上的玻璃内侧中设置的挤压塑模的水泥板实施了

风力检测的方法，在喷涂的同时，提出撤去玻璃。此方案工程正在进行中。

半钢化玻璃的耐风压强度是普通浮法玻璃的两倍，即使碎了也不会像钢化玻璃一样成为粉末，也不容易从窗框等处脱落下来，所以经常被用于高层建筑中。从竹中建设公司得知，三菱商社大厦的塔楼中使用了泰国公司制造的半钢化玻璃。

三菱商社大厦在2009年7月的事故之前的2008年7月和同年的10月，也因为塔楼上其他的玻璃出现裂缝而更换过。那时候，玻璃没有从建筑物上掉下来，而且在2008年12月给塔楼上的520枚玻璃贴了防止飞溅的贴膜。

—

应力超出JIS规定值的要求

—

竹中建设公司对掉落的玻璃进行了检查，将实际上使用的玻璃取下来进行破裂试验，根据当天的风速、气温和日晒等气象条件，确认：如果是原来的半钢化玻璃的话，就破裂不了，也确认了玻璃不是外部人为打碎的。三菱商社等3家公司由此得出结论，因为玻璃里面混入硫化镍等杂质，这些杂质膨胀最终造成了玻璃碎裂。

没有施加外力玻璃自然破碎的现象是通

正在进行玻璃拆除工程的三菱商社大厦的塔楼部分
（图片：ken-platz）

过钢化玻璃得知的。一般认为，半钢化玻璃是不会有这种现象的，但是由于杂质使膨胀量加大才会破碎。

测试引起事故的玻璃的表面压缩应力的结果，比起半钢化玻璃的JIS规定值要大。据说表面压缩应力增加的话，破片就更零碎。半钢化玻璃的形成是使用了几种带杂质的玻璃。

玻璃掉落的推理如下：①硫化镍等杂质膨胀造成玻璃自爆；②表面压缩应力太大，所以碎片比平时更零碎；③防止飞溅而贴的贴膜由于破碎的玻璃的边缘被割破，有一部分脱落。

除了塔楼之外，在标准层里用到的半钢化玻璃是国内厂家制造的。在事故发生没有推断出原因的时候，所有的玻璃都贴上了防止飞溅的贴膜。之后，测定了外立面的所有玻璃的表面压缩应力。确认是在JIS规格的允许范围内，得出了品质上没有问题的结论。

|类似事例| 钢化玻璃制造的灯罩导致10人受伤的事故

2010年5月16日下午3点45分左右，宫城县综合运动公园（GRANDE21）内的游泳池里设置的水银灯灯罩破裂，破片掉落导致10名学生受轻伤，就该事件。在当月17日宫城县发布了公告。

东北地区4所大学共同举行的游泳公认纪录大会结束，正在清理现场时发生了事故。突然听见"砰"的一声，颗粒状的玻璃碎片从高18m的天上降落，被弹起的碎片刮上及踩到碎片的学生手脚受伤。灯罩附近，有残留玻璃。

作为灯具制造厂家的松下电工于2010年6月2日向宫城县提出的报告结果中推断，是由于玻璃内的杂质使其自然破损。这是由日本文化用品安全试验所分析得出的。

宫城县从松下电工提出的报告得知，破碎的钢化玻璃灯罩中，发现有直径为0.06mm的硫化镍。硫化镍是导致钢化玻璃自然破损的主要因素之一，是体积膨胀造成的玻璃碎裂。玻璃在制造时，其燃烧过程中或者混入了硫黄，或者玻璃原材料里混入了镍。

并且宫城县里，同一厂家的制品使用的钢化玻璃出现自然破损的例子，过去也受理过这样的报告。概率是100万分之1。但是，破裂期都是从制造开始经过几年的时间，超过15年破裂的例子是没有的。

就在受理报告前的5月19日至21日，宫城县还就如何防止玻璃破损时掉落的问题提出了对策。对主泳池的水银灯，玻璃罩下贴透明的PC面板；对于辅助泳池的水银灯，因为水银灯和玻璃的间隔太狭窄，在玻璃下面设置了不锈钢制的网眼。泳池于2010年5月22日重新开始营业。

玻璃灯罩掉落的水银灯
（照片：GRANDE21集团）

建材掉落

[分析·对策] 热处理玻璃的安全

不同部位的使用标准

建筑业协会将半钢化玻璃和钢化玻璃这种
热处理玻璃的使用方法做了总结，形成资料。
同一资料中，发生自然破损结构之外，
也整理介绍了不同部位使用上的注意事项。

2010年4月28日，建筑业协会（以下简称BCS）对半钢化玻璃和钢化玻璃这种热处理玻璃在不同建筑部位的使用方法做了总结。目的是使订货者或大厦管理者、设计者、施工者，都能够认识这些玻璃的自然破损风险。

2009年5月开始对钢化玻璃自然破损现象的处理进行探讨。并且因为同年的7月在三菱商社大厦中发生的玻璃掉落事故，将半钢化玻璃也作为探讨对象。

BCS的资料中，不仅是决定玻璃样式时的注意点，也记载了玻璃破损的原因和玻璃的制造方法、切割方法的特征等。

汇总资料的BCS品质管理专门部在2009年末，以建设公司和设计事务所为对象开展了问卷调查。这是对热处理玻璃发生自然破损状况的调查，根据20家公司的回复，发现近10年来发生自然破损的案例有23件。

详细情况是两件半钢化玻璃，21件钢

热处理玻璃的使用例子［资料：连同第13页的资料都是基于建筑业协会的资料由日经建筑制成］

玻璃种类		钢化玻璃		半钢化玻璃	
使用部位		掉落高差		掉落高差	
		未满3m	3m以上	未满3m	3m以上
一般部	垂直面	单面使用○	单面使用▲	单面使用○	单面使用△*
	水平（斜）面	单面使用×、双层玻璃的下面使用×		单面使用×、双层玻璃的下面使用×	
出入口周边		单面使用○	单面使用▲	单面使用×	
扶手		单面使用▲		单面使用▲	
日常不宜确认的场所		—		—	

凡例
○：不要自然破损的措施（使用单面可能）
△：是否要自然破损措施需要事前判断
▲：推荐实施自然破损的措施
×：不可使用
—：有必要检讨采用钢化和半钢化玻璃

（注）出入口周边根据《门窗使用玻璃的安全设计指南》，指示出与人体有关联部分
*作为BCS内的调查和平板玻璃协会加盟的3家公司的情报，发现半钢化玻璃的自然破损例子要少于钢化玻璃的例子。半钢化玻璃破裂场合下，一般保持整体，其落下的可能性很小，所以平板玻璃协会3家加盟公司认为，半钢化玻璃在一般部位的垂直面可使用单面玻璃

化玻璃。对于自然破损的玻璃没有掌握具体是国内产品还是海外产品。

在汇总资料的时候，得到了平板玻璃协会与幕墙和防火门窗协会、日本门窗和贴膜工业协会的支持。BCS将这些资料也公开在网站中。

在不同部位使用热处理玻璃的注意点

水平（斜）面

在屋顶和顶光灯部等水平面或倾斜面中使用时，破损的时候会有比较大的碎片落下的危险。无论使用的高度是多少，要避免钢化玻璃和半钢化玻璃的单板使用或在多层玻璃的下侧使用。即使是将钢化玻璃在上侧使用的时候，下面也要用合成玻璃。建筑基准法规定，耐火构造的屋顶部分有必要使用夹丝玻璃。

垂直面

在外立面和通风口等落下高度3m以上的高处、使用钢化玻璃的话，破损、脱落时有可能加重危害，应尽量用合成玻璃。如果考虑费用不得不用单板的话，要贴防止飞溅的贴膜。使用半钢化玻璃的时候，要提前探讨使用合成玻璃的可能和张贴防止飞溅的贴膜、彻底贯彻使用的安全指南。

栏杆

使用无框的栏杆等，破损时有可能会使人坠落，所以一定要采取防止坠落的措施。在栏杆中使用钢化玻璃的话，尽量使用合成玻璃，防止玻璃破损时人会坠落。

进出入口

根据《门窗使用玻璃的安全设计指南》，作为防撞安全对策，一般出入口的门等使用钢化玻璃的时候有可能使用单板。半钢化玻璃不是安全玻璃，所以即使是单板也不能使用。落下高度为3m左右时，破损的话会造成伤害，也有破损至粉碎才会安全的时候，所以是否需要防止飞溅要慎重判断。

张贴防止飞溅贴膜

张贴防止飞溅贴膜的时候，需要考虑玻璃的尺寸、收纳、保护计划。贴膜的位置，应该是平时维修中可以看到破损、高处作业车等可以简单进行应急处理的地方。即使是贴膜，破损后放置不管的话，玻璃片结块掉落，反而会更加危险。为了防止由于破损引起飞溅的情况发生，贴膜一定要从内部粘贴。

玻璃幕构造方法

使用玻璃幕构造方法的时候，使玻璃的边缘露出，一部分作为支撑的情况很多。加上防止飞溅膜，根据构造方法寻求防止掉落的对策。露出边缘的时候，即使是钢化合成玻璃或贴了防止飞溅膜的钢化玻璃，也有可能从边缘处有碎片坠落，所以要安装边缘套。

[事例]　福冈市立平尾中学校等

半年中4次窗户掉落

2009年12月到2010年6月大概半年期间，
福冈市内的学校发生了4次因窗户掉落引起的事故。
其中，也有使汽车损毁，
使人受伤的例子。

建材掉落

2010年6月22日召开的福冈市议会的第二委员会中，这件不可思议的事态被发现了。

福冈市立的多所中学在2009年12月以后，连续出现了窗户掉落而引起的事故。2010年6月13日发生了第四起事故。其中一件是学生撞到玻璃窗上受了轻伤，另一件是停在掉落地点的汽车被砸坏的事故。掉落事故的始末如下。

最初的事故是2009年12月15日，发生在平尾中学。学生想要关闭校舍三层走廊的横拉窗的时候，使用了日轻窗框（现在的新日轻）生产的窗框用的拉窗掉落。停在地上

的汽车的车顶被拉窗的角砸到并损伤，也使正要停在旁边的车受损。掉落的拉窗尺寸为93cm×116cm，玻璃厚度为3mm的单板样式。

调查掉落的拉窗时，铝制的应该安装在上框内的防止脱落装置不见了。防止脱落装置是缩小拉窗和窗框之间的间隔，使拉窗不要从框里脱落的零件。福冈市推断零件不完备才引发的这次的事故。其校舍是在1978年建立的。拉窗的框与周围其他的窗框和厂家没有不同，有可能是后来更换的，详细情况不明。

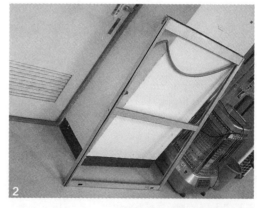

1 福冈市平尾中学，在2009年12月，玻璃拉窗掉落下来直接砸在正在停车的汽车上；**2** 掉落的拉窗窗框部分。上框（照片中面向地面的部分）应设置的防止脱落装置不见了。平尾中学在掉落事故发生后，在窗框一侧设置了防止脱落装置（照片：福冈市）（彩图见文后彩图附录）

结局是这起事故中，市里认为建筑物的管理中有疏漏，不得不支付损害赔偿金83万日元。

不到七成的学校防止脱落装置不完备

由于事故，在2009年12月28日福冈市要求管辖下的各学校对拉窗的防止脱落装置进行检查。于是，到第二年的1月之前，234所市立学校中有154所学校发现防止脱落装置不完备。

各学校中，按照建筑基准法中规定的定期报告进行了检查。平尾中学校也在事故前的2006年度实施过。但是，事故后学校的检查中，发现有约65%的学校有防止脱落装置不完备的隐患存在。在常规的检查中，实际上对防止脱落装置的情况基本没有确认。

在学校的调查中，发现防止脱落装置不完备的154所学校中，不完备的地方在2010年3月末截止进行维修。福冈市投入的费用大约达到了2400万日元。

也有被强风刮弯曲而掉落的例子

第二次的事故是2010年2月25日发生在平尾中学事故后全市开展的调查中，回答"没有异常"的下山门中学校，其设置在讲堂兼体育馆中的横拉窗掉落了。事故发生时窗户是打开的，窗框是三协铝合金工业（现在的三协立山制铝）制造的，没有人受伤。

福冈市确认现场时发现，该学校安装了防止脱落装置，但是滑轮质量发生变化，所以轨道嵌入深度变小的拉窗，被强风吹弯的时候就会从框里脱落，当天是初春刮的第一场大风。体育馆是1987年建造的，掉落的窗框是建造时安装的。

3 2010年2月窗子掉落的福冈市立下山门中学的讲堂兼体育馆的窗户；4 同中学的讲堂兼体育馆的窗户，落下的玻璃粉碎；5 同中学掉落窗子的教室窗框的防止脱落装置。部分欠缺；6 同教室的防止脱落装置补修后的样子（照片：3～5 福冈市）

防止脱落装置主要种类

①窗框的框里设置的类型
铝合金窗框的上框里利用合成树脂等安装的防止脱落装置，缩小拉窗和窗框之间产生的缝隙。

②横框里内藏的类型
横框里放入防止脱落装置。通过调节螺丝让防止脱落装置上下动，缩小框的轨道和拉窗之间产生的缝隙。

③上框里内藏的类型
在上框中内藏的防止脱落装置。缩小框的轨道和拉窗之间产生的缝隙这一点与横框里内藏的类型相同。

发生事故后，3月8日福冈市要求各学校对滑轮展开调查。由于内部的确认很困难，所以要求各学校确认开闭时有没有异常，尽管福冈市对发现异常的学校进行了修补，但是却没统计报告异常的学校的数量。

由于预算限制了追加调查

正当想要求进行滑轮异常情况确认的3月15日，下山门中学再次发生了玻璃拉窗脱落的事故。当学生要打开三层教室的横拉窗时，81cm×162cm的拉窗倒在了室内一侧。这是不二窗框公司制造的窗框。拉窗砸到了窗户附近的学生头部，造成了该学生轻伤。

拉窗掉落的教室是1996年扩建的时候建造的，而窗框是建造时安装的，事故发生后，对窗户进行了详细的调查，进而了解到是安装在窗框的防止脱落装置一部分缺少。

关于本应该被确认过的防止脱落装置的不完备情况，该校的伊东孝纯校长做了以下的辩解："教职员工分工进行了检查，有无防止脱落装置是按照市里的步骤确认的，但是只有这个检查并不能判断是否是正常的设置状态。"

至此，教育委员会认为委托学校检查防止事故的对策并不妥当，决定委托给门窗专业工程公司进行检查。但是要考虑到预算，所以调查对象只是在学校开展的防止脱落装置调查中"没有异常"的学校。

成为调查对象的80所学校中，有27所学校预定在2010年3月之前按照建筑基准法开展定期报告的检查，所以趁这个机会对防止脱落装置等进行了调查。而剩下的53所学校的检查，福冈市委托给了该市的西日本综合更新（refresh）公司完成。同时，

玻璃拉窗掉落的主要示意装置

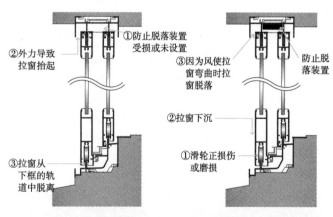
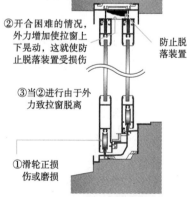

1 拉窗受损或未设置导致的脱落
防止脱落装置受损或脱落；拉窗设置时未安装；拉窗受外力时容易抬起；拉窗从下框的轨道中脱离

2 滑轮的劣化或损伤导致的脱落
滑轮如果磨损，那就使拉窗向下沉。窗户外框歪斜等原因与上框轨道间距变小时，使拉窗弯曲直至脱落

3 滑轮和防止脱落装置的损伤导致脱落
滑轮磨损使窗户开合困难以及使用蛮力等，对防止脱落装置造成冲击，使之容易破损，这样的结果就是，玻璃拉窗容易抬起，直到脱落

福冈市追加了当初防止脱落装置的检查中承认有异常的学校中杂务工补修的7所学校。该公司确认了防止脱落装置并且通过开闭确认了滑轮的异常等，调查费用约350万日元。

专家的检查是全校的课题

离第3起事故发生约3个月后的6月13日，没有成为专业工程公司调查对象的东光中学发生了掉落事故。这是在利用体育馆的当地使用者正要关窗户的时候发生的，掉落的是体育馆单向拉隔声窗。窗户使用的是丰和工业制造的窗框，虽然在窗框设置了防止脱落装置，但是看来是由于位置错离从而引起的事故。

该学校教职工在检查中，发现了其他窗户防止脱落的装置也不完备，对发现异常的

部分确认后进行了补修。该学校的中村善治校长和下山门中学的伊东校长同时认为，"由学校的教职工们对防止脱落装置的设置位置等细致方面的检查是不合理的，应该由专业人员来检查。"

同类的事故连续发生，使陷于被动的福冈市考虑由专家来对所有学校开展调查，如果有预算补助的话，可以在2010年度内实施调查。除了该项调查，福冈市也发表对正在老化的部分在大规模改造时进行修缮的方针。

西日本综合更新公司在6月末回复给福冈市的调查结果中指出，该公司调查的所有学校的防止脱落装置的位置和设置个数等应该重新设置。在专家开展的窗框调查和补修结束之前，学校现场不安的日子还将持续着。

福冈市学校发生事故调查的经过

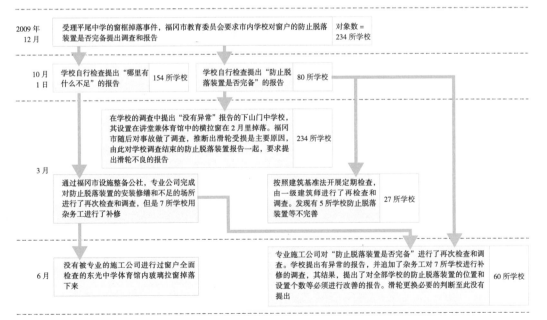

[注] 取材是基于日经建筑制成

[分析·对策] 玻璃拉窗的安全

抓紧调查和落实检查

窗户掉落的事故全国都在发生。
其中一个原因就是没有实施适当的维持管理和检查。
法定检查近年来正在增加。
在玻璃的多层修缮中也发现了潜藏的死角

建材掉落

想要打开窗户的时候拉窗掉落，下面正在通过的人直接被砸导致死亡。至今为止，如果放任不管的话，过不了多久就会听到这种令人心痛的新闻。因为从第14页到第17页中介绍的在福冈市的学校发生的事故，这在全国各地也都随处可见的。

今年发生过的主要窗户掉落事故（注）取材等是基于日经建筑制成

事故发生日	设施名	事故的概要
2010年6月13日	福冈市立东光中学	正在使用体育馆的人，在关闭单扇隔声窗时，拉窗掉落，没有人员等受伤
3月15日	福冈市立下山门中学	三楼的普通教室里学生正要打开窗户之际，铝合金窗的玻璃拉窗掉落在室内，在这附近的学生头部被砸伤，学生负轻伤
2月25日	福冈市立下山门中学	在有武道场等的二楼，讲堂兼体育馆的铝合金窗的拉窗掉落，玻璃破碎，没有人身伤害和物品损害
2009年12月15日	福冈市立平尾中学	校舍三楼走廊一侧的铝合金窗在学生关闭窗户时，拉窗掉落到楼外，直接砸在正停车的车上，导致车受损伤
9月22日	北海道内的公共住宅	公共住宅三楼安装的横拉窗掉落，砸在下面通行的路人左肩上，路人负伤。认定制品没有异常，原因不明
6月22日	福冈市柳川市立二次河小学	南侧校舍二楼走廊一侧的横拉窗在儿童要关闭时，拉窗从轨道脱落下来，落在下面停放的汽车上。福冈市给予修理费等约40万日元的损害赔偿。防止脱落装置和滑轮的恶化状况没有确认，事故原因没有定论
2008年7月6日	前桥市民体育馆	设施利用者在二楼柔道和剑道场的工作人员办公室内关闭单向拉窗时，窗户的拉窗脱落快要掉在外面时，使用者马上按住拉窗，使之撞上外墙，它的冲击力导致玻璃破碎落下，玻璃砸到了在附近停着的汽车，使其受损。看来是窗户框上部设置的防止脱落装置恶化的原因，该体育馆以前也有拉窗脱落的事件
2007年11月	富山县射水市立东明小学	面向中庭的校舍窗户在被学生要打开的时候，二楼窗户的拉窗脱落掉下，没有相关人员受伤，这样看来是由于受到大风的影响，防止脱落装置恶化容易使其脱落的原因造成的
2010年10月24日	横滨市立市尾中学	临时校舍二楼的窗户在学生要关上的瞬间，窗户掉落。其中一扇正砸在楼下走路的学生身上，但学生没有受伤。临时校舍是在2001年设立的，窗户开合控制的窗户档就仅仅设置在上部，看来是开关时用力过度，防止脱落装置错位导致掉落。横滨市对临时校舍进行全面的检查，对不良场所漏看的地方，进行整改。第二年别的学校也发生了同样的脱落事故，没有相关人员受伤

例如，据日经建筑的独自调查，2009年在福冈县柳川市和北海道、2008年在前桥市，发生了各种窗户的拉窗掉落事故。国民生活中心也接到多起窗户掉落的申诉。在这些事故中，有的砸伤了下面通过的人，有的砸坏了停放的车辆。

一方面，没有针对这些事实的明显的报道，所以知道事故的人很少。例如，管辖的学校在2009年发生玻璃窗户落下事故的柳川市的教育委员学学校教育科，日经建筑在2010年6月25日向该科取材的时候，都没有掌握近邻福冈市发生的事故。而这样的情况不只限于柳川市。

传递给窗框厂商的事故信息也很少。YKK AP品质保证部建筑品质保证室的阿部洋司室长披露了以下的信息："与自己公司制作的窗框掉落事故相关的信息每年大概有1、2件。但是基本所有的拉窗在脱落之前都是滑轮已经脱位了。横拉窗也都是使用多年。其他公司的信息不清楚。"

另一方面，门窗专业工程公司提醒玻璃拉窗掉落不是罕见的现象。例如，以东京都涩谷区为店址的川名玻璃店的川名吉治代表证明："这一年半左右时间，针对窗户脱落的补修就发生了两次。"川名氏也是东京都平板玻璃商工协同组合中长期担任对同行业其他公司年轻人进行技术指导等教育信息委员会的委员长。

并且，在最近的窗框具备了多种机构等，安全性也有了提高的前提下，川名代表也继续说："对包括用了20年左右的公共住宅大厦及用了10年左右古老窗框的木结构的家庭住宅，应充分关注其掉落的危险性比较好。"

对多层化玻璃的危险性存在着批评的声音

基于现存的窗户不断发生事故，关于住宅生态制度落后的窗户隔热改修存在危险性的呼声也在增加。也有人指出将使用原有窗框的单板玻璃替换为带有配件的多层玻璃的改修意见，之所以吸引人在于比其他的改修意见具有费用低的特点，因而考虑在生态方面被大范围采用。

指出危险性的理由之一是增加负重。同一厚度的玻璃如果使用多层的话，会有约两倍的负重。滑轮的支撑重量也以此为比例，会加速恶化和损耗。对此批评，建筑用加工玻璃的制造和参与贩卖的AGC玻璃制品的事业企划部营销集团的菊田纯一主管进行了以下的说明："如果在原有窗框中加入带有配件的多层玻璃的话，是要做限制重量的设计。"

具体的内容如下。"如果是横拉窗的话，长边1.5m以下玻璃重量控制在30kg以下，超

窗户隔热改修时采用原有窗框的概念图

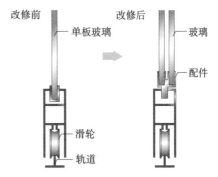

单板玻璃安上窗框，加入带有配件的多层玻璃的做法就是在既有窗框上替换部分玻璃进行隔热改造

过1.5m的时候控制在55kg以下。这是按照一般的滑轮的承重能力来决定的。关于这种制品，过去没有收到过拉窗掉落的事故信息"（菊田主管）。

滑轮生产厂家，中西金属工业特种机器事业部的东京营业集团的桥本胜广组长促使大家注意："在更换多层玻璃的时候，将已经老化的既有窗框的滑轮劣化程度用具体数值来检测是很困难的。"

川名代表还说："工程中，只能通过经验来判断滑轮和防止脱落装置是否有问题。"旧有窗框的厂家已经不存在的情况也不少。预防更换玻璃时的危险性主要依赖于现场的判断。但是参与施工的人员，不都是对旧窗框精通的老手。

不论是有无多层化的工程，建筑从业人员很多认为普通的滑轮的劣化是可以通过开闭动作来确认并发现的，但是期望使用者有这种意识是很困难的。所以在实际的事故中，即使不好开闭，使用者的意识也是集中于开闭，施加蛮力的事例也不少。不特定多数人使用的设施和租赁住宅等，稍微有一些异常却被放置不管的案例绝对不是罕见的。

—

定期报告制度的活用

—

小事故持续不断，并且从最初更换玻璃到对窗户改修的注意力集中至现在，也应该再次探讨防止掉落事故的对策。为使事故防患于未然，首先要使建筑物的所有者和管理者必须认识到建筑物存在玻璃拉窗掉落的危险性。

作为一种方法，使用定期报告制度怎么样呢？该制度中要求建筑物所有者对特殊建筑物等的安全性要进行定期确认。

现行的定期报告的调查业务标准中，是以窗框的劣化和固定框格窗的玻璃固定状况等项目作为确认目标的。标准的解释中表示了掉落的危险性，并作为调查方法可促使开闭的确认。虽然如此，却没有看到注意防止脱落装置和滑轮的具体说明。

所以，再向重复发生事故的福冈市学校确认时，得知存在有防止脱落装置的设置状况没进行认真确认的危险。

国土交通省建筑指导科中，对重新确认定期报告的内容以及对窗户掉落的安全性的调查等表现出谨慎的态度。

住宅生态制度的引入增加了玻璃更换的需求

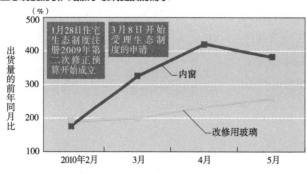

（注）基于经济产业省在2010年6月18日公开发布的资料，由日经建筑制成。数字为估算

然而，事故仍在重复发生。对于防脱落装置的安装和窗框的开闭动作确认等，希望尽快找出定期采用切实可行的方法。

但是，以所有的窗户为对象进行确认的活工作量太大，所有者等也不容易接受。在广泛参与了JASS16建筑工程的改定等，并制定门窗相关标准的东京大学研究生院的清家刚准教授这样说的："没有充分分析事故的原因和倾向，认为只是应该设置防脱落装置是很危险的。即使强化检查，在对事故事例的收集以及分析原因的同时，找出问题的关键是很重要的。"

统一规格也是解决问题的一个方案

虽然制定了滑轮的JIS，但是在防脱落装置的安全性能和设置方法这一点上不存在共同的规格，关于这一点也成为课题。不同厂家规格也各不同，所以对消费者和用户来说其性能更不容易理解。在福冈市，虽然交给学校解决但也不能妥善地把握防止脱装置的设置状况，结果不断地重复发生事故。

关于新窗户的现状，由于厂家的努力而提高了安全性，即使如此，考虑到将来的检查和改修等的维护管理，有观点认为让所有人都容易理解防脱落装置的设置状况和构造等是很重要的。

各厂家通过独自的产品开发，也在寻求安全对策。因此，规格化不容易的声音根深蒂固，但是，一再发生事故的话情况就不同了。

日本窗框协会的广濑丰事务局长做了如下发言："真正发生事故，出现零部件安全的问题的话，就有必要制作统一的手册等。"就像是广濑事务局长说的由各厂家制定自主的手册等，寻求根本的对策是当务之急吧。

设计者和施工者对已建成的建筑物，希望能够促进业主的注意。如果加强高隔热化等各种机能的改进和维护管理的提案能够提出的话，也有可能出现新的设计施工业务。因此在得到改造建筑机会的时候，希望从设计阶段就提前探讨防止事故发生的方法。例如，通过增设窗户周边的雨棚，同时防止落下时的伤害以及由于控制日晒而改善温热环境等。这种对策对由于热处理玻璃的自然破损所引起的掉落预防也是有效的。

文部省提醒注意

文部科学省在2010年8月16日下发了督促有关横拉窗等拉窗掉落事故注意的文书。借日经建筑取材时机，在该省都行动起来了。

通知中包括都道府县和行政都市的教育委员会设备主管科、都道府县的私立学校设备主管科等。力求各自管辖的学校相应行动起来。

该省的文书中，指出了防脱落装置正常机能没有实行的场合以及由于不合理的开并会发生拉窗掉落的危险。要求尽力实行防脱落装置设置状况的检查，并合理的维护管理。

坠落

[事例]　　千叶县立船桥芝山高中等

层出不穷的从窗户坠落的学校事故

通过市民监督的调查等，发现从学校的窗户坠落的事故层出不穷。
诱发学生坠落事故的一个原因是：
在没有栏杆的低腰墙外面设置了雨棚。

千叶县立船桥芝山高中一年级男学生在2007年5月31日从校舍四层的腰窗坠落下来，全身受重伤不久就去世了。他是为了拾掉在腰窗外侧雨棚上的南京锁，想要穿过腰窗到雨棚上去，结果摔下去了。

发生事故的腰窗，其腰墙的高为95cm，窗户的外侧有宽1m的雨棚，在建筑基准法和同法施行令中没有明确规定腰窗部位要设置栏杆，因此，没有设置栏杆（右侧一页的图）。

从坠落事故发生的船桥芝山高中的教室内能看见雨棚。该校是"在事故发生之前，虽然由员工监视和进行指导，但还是发生了事故"（该校教务主任平山弘之先生）

发生事故后，千叶县市民监督联络会议开始调查过去该县内县立高中发生的坠落事故。这是以新闻报道和信息公开请求中得到的资料等为基础，结果，想从腰窗到雨棚上去，到了雨棚上后发生学生坠落的事故，在1991年到2007年的17年间至少发生了26件。

追求效率引起的危险

关注发生了腰窗坠落事故的校舍，与船桥芝山高中同样的腰墙高度和雨棚宽度，各1m左右的建筑物引人注目。千叶县的县立高中有雨棚的校舍很多，共134所县立高中，有普通教室的校舍中在腰窗的外侧设置雨棚的学校达到了87所。

其中满足雨棚的宽度在1m以上，腰墙的高度在1m以下两个条件的学校有51所。包括船桥芝山高中的这些学校的大约7成是1975~1985年新建成的。

因为建成后经过了20~30年，决定设置雨棚的理由和尺寸的过程没有。由此，县教育厅财务设施科设施室长，堀田弘文推测："不设置雨棚的话建筑成本会降低，即使这样还设置了雨棚，是想要防晒防水吧。"

腰窗周边的剖面概要图

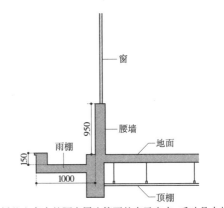

船桥芝山高中的腰窗周边简要的表示出来。千叶县内的县立高中校舍与这个相似的剖面有很多

2002年以后在千叶县立高中内到雨棚上等发生坠落事故

事故发生日	掉下的楼层	事故的概要
2002年5月30日	四楼	为了去上锁的教室内拿遗落的物品，想要从其他教室出来通过雨棚的学生，从窗户出来时，失去平衡而坠落
2004年6月28日	四楼	休息时间里，去雨棚捡掉落在那里的月票，失去平衡而坠落
7月16日	三楼	以大扫除检查等为目的，教师下到雨棚后，接着后面的学生单脚挂在窗户框上而坠落
9月30日	三楼	午休时间，为把隐藏在雨棚上的朋友的袋子取出来，到雨棚上时失去平衡而坠落
2005年6月28日	四楼	放学后，开玩笑想藏在雨棚上的时候，脚挂在窗框上而坠落。该学生在第二年9月因肾脏的损伤导致尿毒症而死亡
9月8日	五楼	午后6点20分左右从雨棚坠落死亡，从新闻报道中得知是在文化节的筹备中坠落的
2006年6月28日	三楼	掉在雨棚的扇子在清扫中拾起，飞越窗户横档时坠落
2007年1月24日	二楼	为了去上锁的教室内拿遗落的物品，沿着雨棚移动时坠落
5月31日	四楼	在去取掉落在雨棚上的南京锁时，失去平衡而坠落。掉下去的学生不久就死亡了

（注）基于千叶县市民监督联络会议的调查结果等，由日经建筑制成

从学校的窗户坠落的死亡事故

事故发生年度	学年	发生时间	窗户的场所	层数（高度）	坠落的情况	有无栏杆
1991	中2男	放学后	教室	二楼	攀登安全栏杆，失误坠落	○
1992	高3男	休息	教室	9m	坐窗户框，失误坠落	
1993	中3男	清扫	走廊	四楼（12m）	越过防止危险的铁杆，穿过时失去平衡坠落	○
	中1女	放学后	教室		坐在窗户的栏杆上坠落	○
	小4男	休息	教室	四楼（12m）	坐在防止坠落的栏杆上而坠落	○
1994	高3女	放学后	走廊	三楼	因哮喘发作，在出去的状态下从走廊的窗户坠落	
	小5女	放学后	教室	三楼（9m）	手去扶开着的窗户而坠落	
	小5男	清扫	教室	1.5m	攀登横档擦窗户时坠落	
1995	中3男	休息	教室	12.5m	登靠窗边放伞架，失去平衡而坠落	
	小5男	休息	教室		登窗框脚滑坠落	
	小4男	休息	走廊	四楼	从走廊窗户坠落	
1997	高2女	放学后	走廊	三楼	坐走廊的窗户而坠落	
	中1女	休息	走廊	三楼（8.5m）	从走廊的窗户坠落	
	高1男	课堂上	教室	12m	站在椅子上向上时，失误坠落	
1998	高1男	放学后	教室	五楼	从校舍五楼坠落，原因不明	
	小3女	清扫	教室	三楼（9m）	坐在防掉下用的管上擦拭窗户时坠落	○
	中1女	放学后	体育馆	二楼	在二楼的暗幕里躲藏时，失误坠落	
1999～2000	小1男	课堂上	教室	三楼	沿着窗户框的玻璃经过时而坠落	
	中3男	课堂上	走廊	12.3m	登窗户框，失去平衡而坠落	
2001	中1男	清扫	体育馆	二楼（5.3m）	向开着的窗户下探而坠落	
2004	小6男	休息	教室	四楼	登在防止掉下的栏杆上，脚滑坠落	○
	小2男	课堂上	教室	三楼	骑在窗框时，失去平衡坠落	

［注］根据于爱知教育大学的内田良讲师对日本体育振兴中心的总结《学校管理下的死亡和障碍事例及事故防止注意事项》等统计的数据使用，由日经建筑制成。在1991～2004年度发生的坠落事故里，事故原因是不包含登雨棚这样危险的行为。对于有无栏杆的判断，用○印表示有栏杆

并且，关于很多拥有类似雨棚的学校在县内建造的情况，堀田先生是这样说的，"我认为这是追求设计效率的结果。1970年以后，为了对应学生数量的急剧增加，必须在短时间内建造很多的学校。当时，县里向委托实施设计的设计事务所展示了设计示例的模型之后，每个设计事务所就一边参考设计示例，一边根据地块的形状等对学校做出了设计。"

对于在县立高中发生的坠落事故开展调查中，千叶县市民检查员会议联络干事柳泽孝平先生，控诉说发生事故的学校也存在建筑自身的问题。"腰墙太低，雨棚的高度和楼面的高度几乎相平，所以很容易就可以跨越腰墙，再加上雨棚的幅度很长，完全看不到正下方，所以不容易感觉到高度。而这正是学生认为可以很轻松地到雨棚上去的一个要素。"

—

与临县相比事故多发

—

为了防止坠落而做的必要整改，需要相

应的费用。在千叶县内，如果要给县立高中三层以上带有雨棚的所有普通教室设置栏杆的话，预计需要约7000万日元左右。如果考虑将费用投入到满足法律法规的部分进行修整的话，可能也会出现反对意见。

而且，如果是高中生的话，是有一些辨别能力的。所以，堀田考虑"通过基本指导来防止事故的发生才是重要的。"

即使是这样，柳泽强调"类似的事故一直在重复发生这一点上不能轻视"。因为千叶县市民监察员联络会议在通过情报公开等方式实施的调查中发现，相邻县高中出现的跌落事故有比千叶县减少的倾向。

例如，东京都立高中在2002年4月到2007年3月的5年间，没有报告说发生从窗户探出雨棚而引起的坠落事故。在都立高中，窗户外面没有设置雨棚的学校很多，据说即使是有雨棚的学校，雨棚的长度也是在50cm左右，并且"大半学校的腰窗上，设置了距离地面1.1～1.2m高的栏杆"（东京都建筑保全部设施整备第二科科长高田茂）。

千叶县的坠落事故问题在县议会等也被提到了，目前正在讨论对策中。2008年度开始出现了规划性的在腰窗上设置栏杆的计划。

虽然千叶县正在讨论栏杆的设置问题，或许也会对防止从腰窗坠落起到一定的效果吧。但是，仔细分析，对于从腰窗上坠落事故，栏杆设置也不能说是万全的对策。

关于学校设施中的调查事故，做过调查的爱知教育大学讲师内田良氏做了以下的解说"小学、初中、高中等，由于考虑不周而引起的坠落事故造成死亡的学生在1983～2004年度截止的22年间达到62人。其

中，为确保安全而设计的栏杆则是招致事故的一个原因。"

1 船桥芝山高中的校舍。在校舍的左侧看到教室一侧的腰窗部分设置了雨棚；**2** 在该校发生事故后，教室里设置了防止坠落的不锈钢制的栏杆。设置在三楼和四楼的16个普通教室，设置费用是189万日元

025

学者的观点 | 请注意比可疑人员犯罪频度还高的坠落事故

爱知教育大学教育学部 讲师 **内田良**

通过对学校死亡事故等的分析，应该在加强学校安全管理的基础上考虑资源的分配。

以 2001 年 6 月大阪教育大学附属的池田小学中发生杀害学生的事件为契机，加强了防止可疑人员进入的对策。例如，池田小学将防止可疑人员进入作为重点，投入了约 20 亿元的改建费用。很多学校也设置监视摄像头。

日本体育振兴中心根据学校内发生的死亡事故等汇总的资料显示，1983 ~ 2004 年度 22 年间因可疑人员犯罪而死亡的学生有 34 名。

这里也包含了在上下学途中遭遇犯罪而死亡的学生的数字。仅是在学校校园范围内发生的犯罪，就有 9 人，其中有 8 个人是因为池田小学的事件。

另外，同样 22 年间从学校的建筑掉下来而死亡的学生达到了 62 人。这是由于爬雨棚等危险行为而引起的事故和从楼梯摔下来而引起的意外事故的人数。对比可疑人员引起的事故来看，由于跌落事故而引起的死者更多。

但是，比起防可疑人员对策来讲，防止学生坠落事故的对策并没有引起十分的重视。尽管采取防止坠落事故的措施更容易。

对策也引起新的危险

为了防止坠落事故而必要的措施并不是那么多。例如，采取措施的位置只要集中于腰窗等开洞部位就可以了。比起栏杆的设置相对费用较少，就能提高防止坠落的可能性。

在腰窗低的位置设置栏杆的话，能够对防止事故发生起到有效的作用。

但是，只是这样也不能防止事故。因为也有学生越过防止事故的栏杆，而发生坠落的事故。除了栏杆以外，限制窗户的开洞大小也有需要讨论的余地。

今后可能会增加的抗震加固工程有可能会带来坠落事故的危险性。在现有建筑设置外带结构的时候，也有将加固构件的一部分像是雨棚似的设置在窗户的外侧。以栏杆为例，为了确保安全而设置的，但是有可能会引起其他的危险性。设计师充分考虑一个设计带来的好处和副作用都是非常重要的。

在抗震加固工程中有加固构件在腰窗外侧设置的例子。内田氏说："与窗户平行部位构件的上部希望设计成是不易站立的"（照片：内田良）

加固构件

支撑

腰墙的上端

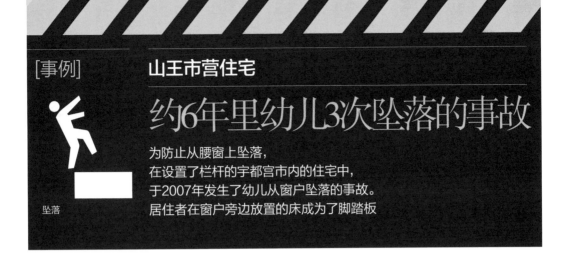

[事例]

山王市营住宅

约6年里幼儿3次坠落的事故

为防止从腰窗上坠落，
在设置了栏杆的宇都宫市内的住宅中，
于2007年发生了幼儿从窗户坠落的事故。
居住者在窗户旁边放置的床成为了脚踏板

坠落

位于宇都宫市内的山王市营住宅10号楼，在2007年6月30日，发生了一位1岁11个月大的男孩从三层北侧的腰窗上坠落来的事故。幸好坠落的地点是绿地，没有受伤。

男孩坠落的腰窗的位置，腰壁的高度为70cm。室内一侧距离地面90cm到1.1m的位置水平设置了不锈钢的栏杆。

1 相继发生幼儿坠落事件的宇都宫市内的山王市营住宅10号楼；**2** 2007年的事故后，山王市营住宅内全部的腰窗外侧安装了窗用栏杆（该页的照片：宇都宫市）

栏杆是2001年入住开始时安装的。（右侧照片）

虽然有栏杆但还是发生了事故，其原因就是居住者在腰窗的旁边设置了高度为50cm的床。男孩以床为踏板，钻过栏杆或者是越过栏杆才坠落的。

在该市营住宅中，经过确认除了这次事故以外最少还发生了两件，都是幼儿从北侧的腰窗上坠落的。

最初的事件是2001年5月，在10号楼东侧建设的13号楼里，有1岁的幼儿从四楼坠落。该幼儿是在居住者室内放置的攀登架上玩耍的时候从窗户飞了出去。

北侧西式房间的内部。虽然在腰窗设置了一部分栏杆，但还是发生了事故（照片：宇都宫市）

山王市营住宅的布置图

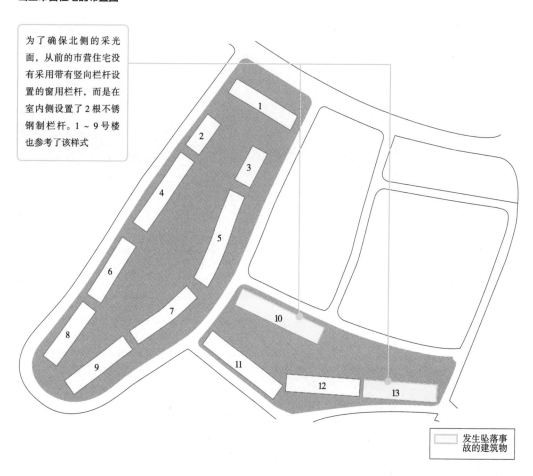

为了确保北侧的采光面，从前的市营住宅没有采用带有竖向栏杆设置的窗用栏杆，而是在室内侧设置了2根不锈钢制栏杆。1～9号楼也参考了该样式

发生坠落事故的建筑物

发生坠落事故的山王市营住宅的平面布置和剖面简图

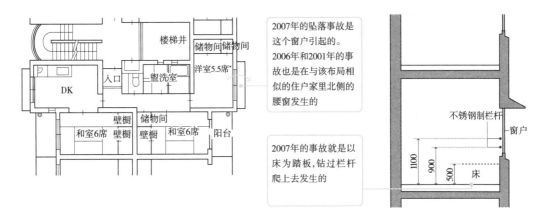

2007年的坠落事故是这个窗户引起的。2006年和2001年的事故也是在与该布局相似的住户家里北侧的腰窗发生的

2007年的事故就是以床为踏板，钻过栏杆爬上去发生的

不锈钢制栏杆
窗户
1100
900
500
床

防止坠落用的栏杆高度的主要标准

1　建筑标准法施行令（126条1项）
屋顶和二层以上的阳台或类似地方的周围，为了安全的必要，必须设置1.1m以上的栏板，栏杆和金属网

2　2~5符合关于住宅性能表示制度的评价方法（新建住宅的考虑老年人等的对策等级（专有部分））

阳台	（i）	在腰墙其他架子有危险的部位（以下叫"腰墙等"）高度在650mm到1100mm以内时，而从地面开始达到1100mm以上的高度设置
	（ii）	在腰墙等的高度在300mm到650mm以内时，从腰墙等开始，在达到800mm以上高度设置
	（iii）	在腰墙等的高度小于300mm，从地面开始达到1100mm以上的高度设置
二层以上的窗	（i）	在窗台其他架子有危险的部位（以下叫"窗台等"）高度在650mm到800mm以内时，而从地面开始达到800mm（三层以上的窗是1100mm）以上的高度设置
	（ii）	在窗台等的高度在300mm到650mm以内时，从窗台等开始，在达到800mm以上高度设置
	（iii）	在窗台等的高度小于300mm，从地面开始达到1100mm以上的高度设置
栏杆杆件的间隔		为了防止坠落，栏杆的杆件在从地面(有踏步的前端)以及腰墙等，到窗台等（限制在腰墙等，并且窗台等高度小于650mm时）的高度在800mm以内，栏杆其杆件净距不应大于110mm

3　文部科学省制定了中小学校的设施整备指导方针（文中括弧内记载是中学的指导方针）
为防止坠落，窗户及腰墙的高度要恰当的设定，重要是在窗户下面不要设置踏板等东西。而且为了防止儿童（学生）的坠落，在窗户上设立防护栏杆高度和限制开洞宽度对于确保安全性同等重要。重要的是在设置栏杆的时候，不要出现新的危险因素

4　神奈川县营建规划科的《设计注意事项》规定了学校建筑的设计标准
阳台上的开台洞原则是在高度1.2m以上，玻璃面积大的要有中骨架，但就座时要考虑视线高度，腰高在0.9m时，防护栏杆的设置等特别要考虑安全的一面

（注）标准中除去部分

————————————

* 席指日式卧室内供人席地而卧的草席，占地约1.8m²。日语发音为榻榻米。——译注

幼儿坠落于绿地上，没有受伤。宇都宫市的判断是建筑物没有问题。事故后的对策，也只是向市营住宅的居民发放宣传单来督促大家引起注意。

还有一件是2006年，幼儿从四楼坠落的事故。与2007年的事故一样也是发生在10号楼。这个事故中也是幼儿坠落于绿地上没有受伤，因此没有向市里报告，2007年的事故之后才知道这个事实。坠落者是居住户朋友的孩子，但事故原因等详情不明。

—

重视开放感而不设置栏杆

—

宇都宫市在维修山王市营住宅开始之前，就在市营住宅的腰窗外侧设置带有垂直杆件的窗用栏杆。但是，山王市营住宅没有采用这种样式。

设计了包括发生事故的建筑10～13号楼的铃木公共建筑设计监理事务所的三富健次氏，对设计意图做了以下的说明，"北侧由于是4.5帖或5.5帖榻榻米的房间比较狭窄，所以尽量通过窗户采光可以感觉到更

宽阔。将腰墙的高度降到70cm，室内设置了栏杆。"

发生幼儿坠落事故的10号楼和13号楼的西侧并排着1～9号楼。该公司设计意图让这些建筑设计的具有连续性，并加固了10～13号楼窗户周边的设计。"1～9号楼是建在南北方向长的地块里，所以采光成为问题，因此腰窗下端距离地面80cm，外部没有设置栏杆，腰窗的部分实际在室内一侧设置了一根栏杆。"

引起2007年事故的另一个原因就是居住者在腰窗的旁边放了一张床。铃木公共建筑设计监理事务所的三富氏表明："由于不知道会是谁入住，所以设计时没有考虑到房间的使用方式。"本市住宅科的大森氏也说："放置床是出乎意料的。"

但是，正因为不知道是谁要入住，所以设计时需要考虑得十分周到。发生事故的洋式房间中，为了避开出入口和收纳空间的一侧，能放床的位置是非常有限的，所以腰窗一侧就成了在有限空间中的一个选项。

| 设计者的观点 | 开口大小的限制等多种对策

三菱地所设计 住环境设计部 副部长 **市村宪夫**

大型开发公司对关于集合住宅窗户的防止坠落措施，设计了独立的样式。例如，在二楼以上可能开闭的腰窗上，距离地面1.1m的高度设置栏杆，距离地面和窗台高80cm以内的窗户每隔11cm以内设置带有垂直杆件的栏杆。

并且，在没有面向阳台等的窗户有踏板的情况下，也有将窗户的幅度限制在11cm以内的样式。如果解除锁扣，也可以开到11cm以上。向外开的窗户和离厕所的便器近的窗户，浴槽边缘一侧的窗户都是代表例子。

对于中小规模的开发公司，

在没有设计自己的安全标准的场合下，公司提出这种防止坠落措施，大体上都被接受了。把防止跌落用的使用说明贴条贴在窗户上的例子也有，除此以外，为防止物品从开窗掉落，将飘窗窗台外向的三面立起一段进行防护的例子也有。

防止坠落而设置的栏杆即使有两根，如果有床这样的踏台也会踩上去。设计阶段中如果能够更深刻地考虑一下的话，采用隔间或者是对腰窗部位采取防止跌落措施的话，可能就不一样了。

宇都宫市在事故发生之后，对山王市营住宅里的所有腰窗的667个位置，开始设置高90cm的带有垂直杆件的窗用栏杆。设置费用达到2095万日元，预定到2008年3月末完成安装。

—

依靠法律法规的界限

—

对于防止从腰窗坠落的安全标准，在建筑标准法或同法施行令中并没有明确规定。

同法施行令126条第一项中，规定2层以上的阳台或类似地方的周围要设置1.1m以上的栏杆等。但是，这个规定估计不适用于腰窗。腰壁的高度和设置在腰窗的栏杆的设置标准，在建筑标准法或同法施行令中并没有

收罗也是一个实情。

而且，同法施行令126条第一项的规定，并不是以所有建筑为对象的。例如，一般的二层建筑住宅就在适用范围以外。

只依靠法律法规作为安全对策的依据的话，防止从腰窗上坠落的事故是很难做到的。所以，参考住宅性能表示制度中的评价方法标准等的设计师并不少。

也有甲方自行设置设计标准的。例如在神奈川县，县里在2000年订立了维修设施时采用的设计标准。其中，规定的学校设施中窗户的样式、窗台的高度等也有明确的记录。以大型开发公司为中心，为了防止从集合住宅的窗户坠落的事故发生，设置独立样式的事例也不少。

采光和通风、防止盗贼、防止坠落以外，对窗户功能的要求很多。不是只有一个标准就能满足多种要求。不能只依靠标准和过去的设计事例，而需要设计师自己绞尽脑汁考虑使用者和使用方法以及它的功能。

|设计者的观点| 要想到除学生以外还有利用者进入的事情

教育设施研究所 设计本部规划部 部长 **饭田顺一**

使用校舍的人不仅只是学校的学生，在考虑开放学校的情况下，有比学生更想进入学校的幼儿也是有机会的。所以学校的建筑有必要从这个角度来考虑。

力图防止坠落事故，原则上阳台的设置是非常重要的事情。如果设置了阳台，就可以防止有从腰窗坠落的事故。

如果是不能设置阳台的场合，就要考虑其他的对策。首先栏杆设置是有效的，也可以考虑其他的窗户配置方法：上部设置大窗户，下面设置小窗户，而下面窗户是否能开合是值得进行讨论的。

有不让落物砸到地面行人而在窗户下面设置绿地的例子，这

样的绿地在坠落事故发生时可减轻受伤而带来附加效果也是有的。

建筑标准法只不过是最低标准罢了，而设计人员在对的设计理念的汲取时，各自不得不反复斟酌。（谈）

[事例] 横须贺市立大楠小学校等

反复出现的天窗事故

坠落

2001年9月，女童爬上神奈川县内的小学屋顶上的天窗时，
天窗破裂掉了下来，造成重伤。
屋顶虽然有防止坠落的栏杆，
但是没有考虑到天窗。

神奈川县内的小学中，在2001年9月13日，屋顶的天窗破裂，发生了一起女童从那里坠落摔成重伤的事故。发生事故的是在横须贺市立大楠小学的二楼宿舍。运动会的啦啦队练习在屋顶上结束后，相关的儿童留了下来。其中小学6年级的女童3人依次在天窗上面跳来跳去玩的时候，天窗破裂致其中一人坠落于下一层的楼梯间里，当场头骨摔伤，意识不清，造成了重伤。

1 女童坠落的大楠小学的天窗。跳来跳去玩的时候，天窗破裂坠落于下层的楼梯间里，女孩当时摔成重伤（照片：大楠小学校）；**2，3** 女童坠落的楼梯间和天棚。现在天窗被覆盖住了，事故痕迹几乎不知道；**4** 事故后，天窗部位覆盖了铁板（彩图见文后彩图附录）

2001年以前发生的主要从天窗坠落的事故

发生时期	建筑物	所在地	天窗的材质	事故内容
1998年8月	村立岛袋儿童馆	冲绳县北中城村	塑料	小学二年级学生从屋顶天窗坠落在5m下的观众席（混凝土），8天后因脑损伤死亡
1999年5月	庆应义塾高中	横滨市	塑料	高中二年级学生两人从7m处坠落，1人死亡，1人重伤
6月	东海大学湘南校	神奈川县平塚市	夹丝玻璃	大学二年级学生从27m高处坠落于贴瓷砖的地面上死亡
10月	大荣熊本店	熊本市	塑料	高中一年级学生从20m高处坠落于一楼，腰部骨折受重伤
2001年7月	町立菅谷小学	茨城县那珂町	塑料	两名中学三年级学生从室外游泳池更衣室的天窗坠落于3m下的混凝土地面上受伤
9月	市立大楠小学	神奈川县横须贺市	塑料	小学六年级学生坠落于7m下的楼梯间，头部骨折，受重伤

　　屋顶上虽然有负责的教师，但是孩子在天窗玩的事情并没有注意到。

　　破裂的是直径1.45m的半球形的亚克力制天窗，它是在1983年增建校舍屋顶上设置的。

　　铃木武俊校长说："从来没有想到过孩子会爬上去玩，"平时去往屋顶的入口都是锁着的，孩子是不能随便进去的。但是偶尔，会有现场的教师允许孩子上去。

　　屋顶上有防止坠落的栏杆，天窗在栏杆的内侧。之后，发生事故的天窗用铁板盖住，为了防止有人接近，将栏杆的位置也移动了。

　　当问到铃木校长："为什么设置栏杆的时候还允许去天窗那里呢。若从一开始就将栏杆设置在现在的位置的话，孩子也不会在天窗玩耍"的时候，铃木校长说："可能建造时的相关人员也没有考虑到孩子会在天窗上跳来跳去的吧。"

两年前也发生了死亡事故

　　这样的天窗事故在大楠小学并不是第一

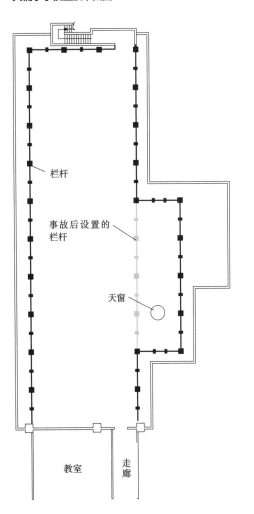

大楠小学校屋顶平面图

栏杆

事故后设置的栏杆

天窗

教室　　走廊

次。1999年5月横滨市的庆应义塾高中的地下体育馆也发生了同样的事故。

体育馆的屋顶是中庭，那里有6个半圆形的塑料制天窗。两名二年级的男学生坐在其中一个上的时候，因天窗破裂坠落于约7m深的体育馆地面上。一人死亡，另一个人身负重伤。

天窗设置在距离地面50cm高的混凝土框架上面。但是事故当时，混凝土框的周围设置了坐凳，学生可以从那里轻易地就爬上天窗。

庆应高中的彦久保胜良事务长说："如果这个天窗是透明的话，就不会有人爬上去了吧。"由于乳白色是看不到下面的，所以很难意识其危险性就是一旦2mm左右厚的塑料破裂了，就会直接坠落于几米深的地方。

防护栏杆等的设置

天窗本来也不是预想到人会爬上去而设计的，厂家也希望让周围的人知道爬上去会有危险。例如，生产天窗的大厂家菱晃的产品目录中记录着，在天窗表面贴上"不许爬上天窗"等警告条，设置在危险地方时需要设置防护栏杆等。

同公司的产品中，半球形的下面可以设置防止坠落的不锈钢格栅。但是，格栅的价格在3万~5万日元的话，与天窗本体差不多，所以采用的地方很少。

像是学校这样孩子使用的建筑物中，爬上天窗跳来跳去等，有想不到的可能性。如同大楠小学似的，平时即使不使用屋顶，孩子也会趁着什么机会进去。考虑到将来的这种危险性，需要设置防护栏杆等万全的措施。

庆应高中的地下体育馆屋顶。事故防止对策是用钢制的框架覆盖在天窗上，在四周围上植栽叫人不能登上去（彩图见文后彩图附录）

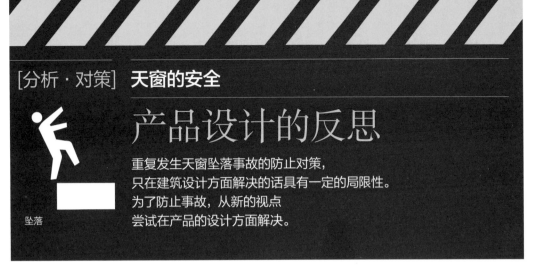

产品设计的反思

重复发生天窗坠落事故的防止对策，
只在建筑设计方面解决的话具有一定的局限性。
为了防止事故，从新的视点
尝试在产品的设计方面解决。

坠落

在东京都杉并区立杉并第十小学，2008年6月18日发生了从天窗坠落的事故。发生经过概括如下。

由老师带领的六年级学生们，在三楼的屋顶上接受步幅测量的课程。测量结束后要回到教室的时候，12岁的男童爬到天窗上玩，这时盖子破裂，男童坠落于12m下的一层地面死亡。

亚克力树脂制造的盖子直径为1.3m。制造这个天窗的菱晃公司（东京都中央区）的笠井英史社长说："树脂制的半球形天窗的强度不能够充分支撑人的体重。不能爬上半球形天窗，或在可以自由出入的空间里的天窗周围设置防护栏等，这在商品的宣传册中都有明确的标记。"

1 儿童是从三楼上的天窗坠落到一楼的地上；**2** 致使男孩坠落的杉并第十小学的天窗，半球形的天窗是用亚克力树脂制的，可耐积雪，但不具备人的体重支撑强度
（该页的照片：杉并区）（彩图见文后彩图附录）

根据杉并区的说明，事故发生的屋顶部分，没有想到儿童会使用。通常出入口都会上锁，认为不会进入，因此在发生事故的天窗周围没有设置防护栏。

引发事故的天窗剖面图

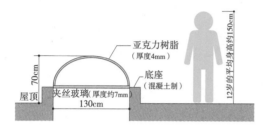

亚克力树脂(厚度4mm)

底座(混凝土制)

夹丝玻璃(厚度约7mm)

130cm

70cm

屋顶

12岁的平均身高约150cm

同样的事故在7年前的神奈川县内的小学也发生了。（参考第32页）

每个事故都惊人的相似，因为每个学校都是在不许学生进入的区域设置天窗，所以都没有采取防护栏等安全措施。

另外，建筑物的使用者方面没有将禁止进入等规则彻底执行，所以发生了坠落事故。并且，也没有将过去类似的事故情报进行通报。事故后多家媒体站在这样的观点上对原因进行了分析。

与媒体的分析不同，也有人提到天窗的设计方也应该引起注意。例如，研究心理学的早稻田大学人类科学部的三嶋博之副教授，他提到了要关注一下引诱孩子玩耍的形状。

心理学家的观点 | 也需要"没有安心感的设计"

早稻田大学 人间科学学术院 人间科学部 副教授 **三嶋博之**

通过报道知道在杉并第十小学发生的天窗事故时，我首先注意到的是天窗的设计。以生态心理学中用到的称为"功能可见性"的概念来考虑的话，半球形的天窗是会让人想要爬上去滑下来试试的形状。

再加上，好像是不用手，轻易就可以上去的。让人这样想的重要原因是半球形的底座。对于小学生来说，这个底座看起来是

很容易就能上去的高度，所以就产生了爬上去的想法。应该经常能看到沿着花坛边行走的孩子，孩子想要在稍微高一点的地方走。我想即使是天窗的半球形，轻松地爬上底座就可以踩到半球状的上面。

不幸的是，半球形不是透明的。如果是透明的，就会让人感觉到恐怖，就会害怕爬到半球状上面去了吧，至少爬到半球状天

窗上的频度会减少很多。

半球状的表面也是有一定的硬度，能够经受住自己的体重，很容易给人这样的印象。如果认为很硬，一下子就放心地爬上半球状天窗，其危险性就会增加。

事故的一个原因难道不是让人想要到半球状天窗上面去，而且给人一种半球状应该不会坏的安心感吗？所以天窗必须是"不能给人安心感的设计"。（谈）

引发坠落事故的天窗是能够爬上去的形状

底座是很容易上去的高度，就能爬到天窗上

看到半球形的形状会想爬上去滑下来试试

* 功能可见性（affordance）：生态心理学中用到的主要概念之一。环境或物给人和动物带来的意义和价值。例如，椅子，即使没有写"可以坐"也会给人一种"坐下"的意思。

"半球形的天窗看起来像是公园里的玩具，这是令人想要爬上去玩的形状。而且，半球形的高度比较低，让人感觉轻易就可以爬上去。"

并且，三嶋补充："重要的是半球形的底座比较低，容易成为踏台。爬上底座的话，更容易想要爬上半球形了。"

产业技术综合研究所、人间数字化研究中心、人间行动理解组长西田佳史提出，并不知道这是隐藏着危险设计的事情。

西田氏主张："孩子和大人在日常生活中都没有学习半球形天窗具有危险要素的机会，尽管如此，半球形的天窗是不容易使人感觉到它是危险的设计。"发生事故的天窗周围连栏杆都没有设置，"即使没有栏杆，半球形的盖子如果是透明的话，可以知道到下面的高度。就能够想到半球形破裂掉下去

的话可能会死吧"。

三嶋氏对于颜色也持同样的意见。并且在继续说出这样的话，"危险的东西明确标注有危险的设计很重要。但发生事故的天窗，最应该避免的是'在危险的场所却给人以安心感的设计'"。

关于三嶋氏和西田氏提出的见解，可看出是向菱晃公司征求了意见。该公司回答说"已扩大了安全对策"。对于新的安全对策其要点如下：

首先，对与教育和学校相关的建筑中设置的天窗，采用标准的样式防止坠落对策。作为防止坠落措施，在讨论用不锈钢制的防落网或者是覆盖天窗的金属制的罩子等。是否将范围扩大到教育和学校以外是今后的讨论课题。

儿童事故研究者的观点｜不允许制作有一点点过失的产品

产业技术综合研究所、人间数字化研究中心、人间行动理解组长 西田佳史

杉并第十小学的天窗事故是因孩子爬上天窗这一点的过失而导致死亡。犯这样错误的人本身是不能吸取失败教训的，这过失的代价是太大了。而且，在日常生活中几乎没有机会学习半球形的天窗是危险的地方，从这方面来看，可以说这次的事故是非常不幸的事例。

从稍微一点点过失就引发死亡来看，与箱体秋千也是一样

的。例如，在箱体秋千摇晃的孩子滑倒或掉下来被秋千的下部夹住的话，就会引起重伤事故或者死亡（参见右侧照片）。

绝不能做允许有一点过失的产品。安全对策，首先是硬性方面做到彻底。并且有危险性的产品，应该采用明确标注具有危险性的设计。如果柔性方面的对策能管用的话，也不会重复发生像天窗事故这样的过错了。（谈）

用假人对箱体秋千事故进行实验的场景（照片：产生技术综合研究所）（彩图见文后彩图附录）

[事例]

远野市民中心体育馆

防止危险发生的改建适得其反

坠落

2009年12月男童从斜开着的窗户坠落死亡。
从事故报告书中分析发现，
为了防止破损将玻璃板换成铝板的改造成为元凶。

　　"换气窗的管理方法有问题，是导致本次事故的最大原因"，"不能说窗户的设置状况和结构本身是危险的、有问题的"。这是岩手县远野市的市民中心体育馆，男童从窗户坠落的事故报告书中显示的判断。该市在2010年4月设置的事故调查委员会在同年的6月末总结，于7月9日向本田敏秋市长做了报告。报告书于当月的16日完成。

　　事故发生于2009年12月26日下午5点10分左右。小学六年级的男童登上市民中心体育馆的体育会场西侧换气用的铝窗时，窗框上镶嵌的铝板脱落，男童从距离地面约6m的高处坠落，其头部受到重伤，于2010年2月去世。

　　市民中心体育馆是1974年完成的设施，设计和监理单位是由石本建筑事务所，施工是由远野建设共同企业联合体承担。换气窗位于距离体育馆的地板1.3m高处，与地板成43°角向外打开。

—

破裂的玻璃换成了铝制

—

　　窗户本来是用厚5mm的玻璃，但被篮球等打到，其玻璃多次破裂，破片飞溅到外侧的停车场。

1 发生坠落事故的远野市市民中心体育馆的体育会场窗户，有部分是斜开着的，事故发生后，铝制窗户上正处在养护的状况；**2** 从停车场处可看到儿童掉下来的那扇窗户（该页的照片：远野市）（彩图见文后彩图附录）

另外，玻璃太重与换气用的开闭器也会产生不合的情况。使用体育馆的时候，也有人抱怨光照对比赛有影响。

设计这个设施的石本建筑事务所解释说"这是符合报告书的记载的"，因为没有能够获取资料所以不了解在最初的设计阶段中，对窗户部位的危险性是如何考虑的。在2005年将换气窗的样式换成了铝板。这个改造是由市里决定的，石本建筑事务所没有参与。所以远野市不得不面对玻璃窗事故以及对其的抱怨。

铝板的结构就是通过胶粘剂，透过缝隙插入窗框，没有用螺丝等固定。其大小为1.06m×1.757m，厚3mm。到这次的事故发生之前，据说并没有发生铝板脱落的事故。这个铝板由于太危险，标注了让大家不要爬上去的使用说明。但是事故发生时，铝板被黑色的呢绒纸盖住了，这是因为有人抱怨照明会使铝板反光，所以就没有看到使用说明。

调查委员会认为，当初窗户的设计和2005年窗户样式的变更是没有问题的。

列出了作为判断结构面上窗户的设置状况没有问题的理由是，伸出外面的窗户的位置对采光有效，以及容易想象到爬到当初的玻璃窗上有可能会破裂这两点。并且，在调查委员会工作的委员、岩手县建筑师会远野支部的松光三副支部长做了如下的说明："由于没有违反建筑基准法等，所以报告书中没有说当初的设计有问题"。

即使把窗户的样式从玻璃换成铝板的，也不能说变更本身有问题。通过提示等可以解决，既然不是以人可以爬上去为前提而做的设计，也不能责怪其强度太弱。

—

换成看不到的铝板这是考虑不足

—

从事建筑物安全性能等研究的大阪工业大学的吉村英祐教授，也是通过报告书的结论，认为管理上有问题。在设计方面："施

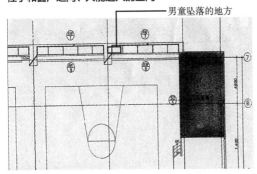

柱子和窗户之间、人能进入的空间

导致男童坠落的窗户的一部分大约在柱子背面的位置。有证言说柱子和窗户之间、人能进去玩

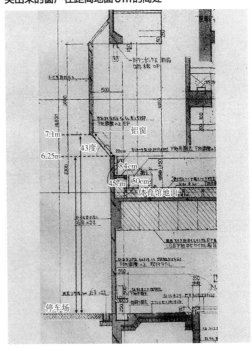

突出来的窗户在距离地面6m的高处

男童掉下来的窗户的位置距离地面有6m高。从室内一侧看，墙壁边上有高度50cm的缘台，到窗台下端有84cm高度（该页的资料：远野市）（彩图见文后彩图附录）

工当时，不像现在对日常灾害的意识高。"（吉村教授）

但是吉村教授叮嘱说，这个"如果是现在设计的话，就不同了。设计者在设计阶段就应该对危险性有充分的预见"。依据这个观点，在2005年改建的时候，对施工安全性的考虑不周就浮现了出来。

例如，靠近打开的窗户，给窗户加一点力就会发生坠落的危险。窗户是孩子们容易爬上去的，距离坐凳状的部分高约84cm。即使没有想要爬上窗户，登上坐凳后的孩子因失去平衡也很有可能会从窗户坠落。

而且，改建后的铝板上写了注意事项，远野市方面意识到了坠落的危险性。关于窗户的设置位置等如果对安全性做了充分考虑的话，在事故后2010年2月实施了防坠落栅栏的设置对策，在改造时也有可能采用。

三松副支部长补充道："变更成看不到下面的样式，这是考虑的不充分。"因为不知道窗户是在距离地面很高的位置，所以孩子们爬上窗户的时候不容易产生恐惧感。2007年7月开始，从作为管理设施的指定管理者远野设施管理服务处得知，有证言说由于人手够不到上面，所以就靠在窗户上打扫了卫生。

向安全设计的第三者确认

调查委员会在报告书中提到防止事故发生的5项提议。

最初提到的是由市里和设施管理者要实施安全检查。为了不发生危害使用者身体的事故，要求至少每年一次着眼于安全性的检查。并提到了这是在平时的保守检查之外而进行的。

并且，关于孩子使用的体育馆和公营住宅、儿童馆等，提出要一边考虑到孩子的活动特征，一边积极地预想到危险性，强行仔细的实施检查。提到检查时，除市职员以外，也听取熟悉孩子活动特征的人的意见。

接下来，调查委员会提案的是彻底实施设施管理。对设施管理者，要求做到对设施使用者的关注和指导。对于具有事故等危险性的地方，马上采取防止事故发生的对策。

并且，调查委员会提议要重新考虑设施的设计顺序。作为具体的策略，不仅是委托设计的公司也提议希望委托其他设计事务所站在不同角度对安全性检查，提出工作构想。远题市总务科的谷地孝敏科长提到："市里如果出现新的整修设施的话希望讨论一下"。

第四点是教育委员会的情报共享。除了学校设施以外的其他相关信息，希望也能够传达给其他市的设施管理者。剩下的一个就是对受害者所属的运动少年团里的孩子，彻底地进行指导和监督。让他们知道事故就是以前发生在这个团体活动时的。

门

碰撞

[事例] 茅野市民馆

多次撞上自动门

2005年开业以后，茅野市民馆和JR茅野站东西
通道连接位置在入口部分有自动门，
连续出现了使用者撞到自动门的事故。玻璃窗
难于识别的状况成为原因。

建于长野县茅野市的茅野市民馆的堀内一治总务部长说："有一封投稿说位于入口的玻璃自动门很危险。"有问题的自动门，位于JR茅野站的东西通道以及连接茅野市民馆的位置（参考图）。2005年开放以来，撞到这个玻璃门上的使用者层出不穷。

为什么会撞到呢？关于这一点，堀内考虑是要同时具备了两个要素才能引起。首先如果车站的检票口一侧初次到访市民馆的人，沿着东西通道向左转的话，很难预想到马上就会有一个自动门，所以在自动门前不能止步的人就会撞到门。"几乎每天都会有人撞到"（堀内）。

还有一点，馆内由于玻璃非常明亮，是很难意识到有自动门玻璃窗存在的空间。另一方面，东西通道一侧比较暗，所以从东西通道一侧看到的玻璃窗透明感高，不容易意识到玻璃的存在。

该馆考虑到"有人受伤就晚了"，在玻璃门上面贴上了"自动门"，"停一下"的警示语（参见右侧照片）作为紧急措施。并且在

平面概要图

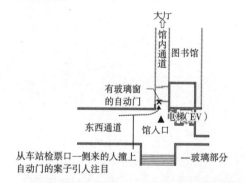

从车站检票口一侧来的人撞上
自动门的案子引人注目

1 JR茅野站的东西通道以及连接茅野市民馆的入口。开放当初，使用者撞到入口的自动门的事故连续出现；**2** 从东西通道看到茅野市民馆的入口一侧。初次到访的人不知道拐角处马上就有自动门（彩图见文后彩图附录）

大约半年后，修改了自动门感应器的感知范围。当初，距离门大约50cm前方有人来的话，门就会打开，这样在门打开之前人就到了门前，因此，设置为只要感知到有人拐弯，玻璃门就会打开，这样碰撞事故就不再发生了。

设计该馆的nasuka事务所代表的八木佐千子说："结果也就是，因为没有入馆的人错误感知到这是不会有什么问题的地方，所以自动门感应器的感知范围从最初就应该设置得大一些。"

自动门的玻璃窗实施警示标志时的样子（照片：吉村英祐）
（彩图见文后彩图附录）

|类似事例| 误以为玻璃墙壁是出入口

在广泛应用玻璃的茅野市民馆的其他位置，也发生了撞到玻璃的事故。撞得特别严重的位置是连接泊车空间的东侧入口。

外面变黑的时候，来该馆的一位女性撞到了东侧入口自动门一侧的固定玻璃墙壁上，连眼镜都破损了，脸部被玻璃严重撞伤。

这位女性为什么会将固定的玻璃墙壁和出入口弄错呢？

该馆的堀内氏做了如下的推测："主要原因是不容易认清东侧入口门的部分。现在也是有人在找出入口的部分，因为门的位置不好找。所以固定的玻璃墙壁部分，在室内照明的影响下，透明度增加时，这位女性就认为玻璃墙壁是可以通过的位置。"

作为该馆设计者的nasuka事务所的八木氏说："由于位于自动门里侧门斗的照明设置比较暗，没有想到玻璃的透明度太高会让人撞到玻璃。出现人的碰撞事故之后，为了不再发生同样的事故，就在玻璃面上张贴了防撞条。"

研究建筑设计事故的大阪工业大学教授吉村英祐氏的看法如下："我认为，不是一眼就能看明白哪里是出入口的设计才是造成这次事故的原因。自动门部分和墙壁使用不同的颜色，或者是把门上标注文字变大也就好了"。

东侧入口的夜景。屋外变暗，固定的玻璃墙壁透明度增加。被玻璃墙壁卡住的地方是自动门部分（彩图见文后彩图附录）

[事例] 船桥市民文化馆等

碰撞

过去也多发撞击事故

在此之前，撞到玻璃的事故也发生了多次。
从20世纪70年代和80年代发生的三大事故开始
"不知道玻璃的存在"这个原因浮了上来。

1979年，在千叶县的船桥市民文化馆一层入口大厅玩耍的小学3年级男童（当时8岁），猛撞到入口门厅旁边的玻璃窗上，男童被破碎的玻璃片切到脖子等处，由于出血过多而死亡。玻璃窗的大小约77cm×2.3m，是一块厚度约为8mm的普通平板玻璃。

发生事故的时间是在8月1日下午5点左右。屋外受太阳西晒非常明亮，从室内看的话很难知道玻璃的存在，可能是男童没有意识到玻璃的存在，从入口门厅开始就往外跑。现在该门厅在入口部位的玻璃上全都贴了带状的防撞条。

判决认定是管理者的责任

1979年7月，在名古屋市大高公民馆的门厅里跑着玩的小学二年级男孩（当时7岁），撞到了门厅的固定玻璃窗而导致死亡。

男孩撞上的地方（事故当时，没有带状的防撞条）

船桥市民文化馆的入口处的概要

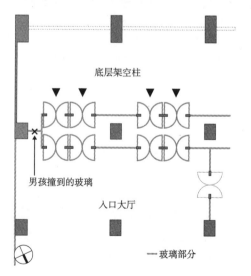

底层架空柱

男孩撞到的玻璃

入口大厅

—— 玻璃部分

事故发生后船桥市在玻璃窗上贴了防撞条。现在又在玻璃附近放置了盆栽

名古屋市大高市民馆的概要

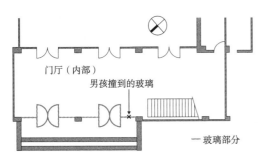

门厅（内部）
男孩撞到的玻璃
一玻璃部分

名古屋市大高市民馆的外观。死亡事故后，市里在门厅的玻璃上贴了带状防撞条。该市民馆里弄坏过的已经不存在了（照片：名古屋市绿生涯学习中心）

玻璃窗使用了宽高约1.1m×2m，厚约5mm的普通透明平板玻璃。发生事故的时间是上午9点半左右，外面天气晴朗，由于门厅的照明没有打开，所以不容易发现玻璃。在这起事故中，死亡男童的父母向市里控诉说："该设施没有采取防止危险发生的对策"。名古屋的地方法院于1987年11月判定市里支付1200万日元的赔款。

1988年，在茨城县牛久市的购物中心一层出入口处，一名主妇撞到透明玻璃上，膝盖和眼睑等处受伤。主妇在通过道路一侧的玻璃门时，撞到了店内的固定玻璃窗（参见下图）。事故当时，虽然在玻璃高度约150cm的位置上贴了直径约3cm的圆形条，但是由于贴条比主妇的视线位置要高，所以不容易发现。还有店内照明比入口附近要亮。在这位女性向建筑管理所有者寻求赔偿的审判中，东京高级法院在1991年认定管理者的安全对策存在瑕疵，判定其赔偿约70万日元。

牛久市内的购物中心出入口的概要

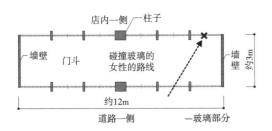

店内一侧　柱子
墙壁
门斗
碰撞玻璃的女性的路线
墙壁
约3m
约12m
道路一侧
一玻璃部分

引起碰撞玻璃事故的购物中心的一楼出入口。破裂地方的玻璃窗是宽高约1.7m×2.9m，厚度8mm的普通透明平板玻璃。碰撞的地方现在改成了自动门（彩图见文后彩图附录）

[事例] 福山市立山手小学校

碰撞

满足标准和要求仍然有儿童死亡

猛撞到广岛县福山市的小学出入口玻璃门的儿童于2004年8月死亡。
国家的安全设计指南上没有认定其有问题。
市里选择了指南上的对策。

2004年8月20日下午4点左右，在广岛县福山市内的市立山手小学，三年级的男孩撞到玻璃门，破碎的玻璃划破侧腹而造成死亡。据学校相关人员说，男孩与多名朋友一起打赌来挑战摸上门框。该儿童助跑了5m左右跳起来的时候用胳膊肘把玻璃打碎了。

其门的作用是隔开二层的走廊和校舍走廊，高1.8m，宽0.8m，在距离地面90cm的高度范围内是厚3mm的铝板，上面90cm处有厚3mm的平板玻璃，在事故当时，门是关着的。

平板玻璃破碎后是很危险的，但是现在的国土交通省的通告显示依照《使用玻璃门窗的安全设计指南》是没有问题的。

因为指南中规定："距离地面不足60cm的高度范围内需要用安全玻璃，例如钢化玻璃或合成玻璃等"。

因此，市里认为"设计上没有过失"。但是，决定为了深刻吸取死亡事故的教训，采取高于指南要求的安全对策。首先，将该小学的走廊里的玻璃门，换成即使破碎也很安全的钢化玻璃。市内其他的小学里也是在儿童频繁出入口等处采取了同样的措施。

福山市教育委员会事务局、社会教育部、社会教育振兴课课长槙田隆三说："预计连同宿舍的改建工程等一起依次都换成钢化玻璃。"

事故发生场所（二层走廊）

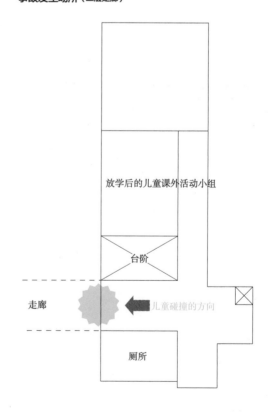

放学后的儿童课外活动小组

台阶

走廊

儿童碰撞的方向

厕所

从儿童碰撞的方向看到玻璃门。校舍是1981年完成的（照片：加藤光男）

从走廊一侧看到导致事故的门的内视图 括弧内的数字是厚度
（单位是mm）

《使用玻璃门窗的安全设计指南》里安全设计必要的部位

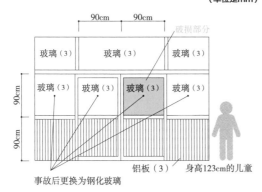

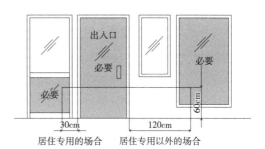

居住专用的场合　居住专用以外的场合

《使用玻璃门窗的安全设计指南》所示的安全对策

部位		居住专用的部分（住宅）	其他的部分（非住宅）
出入口和它的邻接部	出入口的门	离地面不足60cm的高度以下需要有玻璃	
	出入口的门周边	从门边开始向水平方向部分不足30cm的范围或全部包含，从地面开始不足60cm的高度以下需要有玻璃*	从门边开始向水平方向部分不足120cm的范围或全部包含，从地面开始不满60cm的高度以下需要有玻璃*
其他门窗	一般	从地面开始不足30cm的高度以下需要有玻璃	从地面开始不足45cm的高度以下需要有玻璃
	浴室、学校等	从地面开始不足60cm的高度以下需要有玻璃	

*玻璃和出入口之间设置隔墙等的场合除外

（资料：日本建筑防灾协会、机能玻璃普及推进协议会）

碰撞

[分析·对策] 玻璃使用时的安全

猛撞事故的类型化

猛撞玻璃事故的原因可形成类型化。
这样的类型是立足于原建设省等出台的
《使用玻璃门窗的安全设计指南》之上的，
如果参考这些，期待能够提高安全性。

引起碰撞玻璃事故的主要原因有以下3种类型的整理。

①玻璃前有明亮空间的时候；②玻璃下边离地面附近装饰与地面相同，好像连成一体时；③在入口附近，门旁边的玻璃存在感不容易识别的时候。

特别是①，有多起的事件和事故案例，是最需要注意的类型。背景的明亮使玻璃的存在感消失了。

研究建筑物日常事故的大阪工业大学教授吉村英祐督促注意："在玻璃前能引起人的关心是什么？例如，对于孩子如果是能够玩耍的场所，就不能注意到玻璃的存在而撞上了。在这样如同陷阱的空间里，很有必要采用很容易意识到玻璃存在的方法。"

"玻璃指南"是铁的规则

玻璃利用的空间在设计时，桌上要必须放《使用玻璃门窗的安全设计指南》手册。这是原建设省（现在的国土交通省）和日本建筑防灾协会等在1986年制定，在1991年修订的。

制定指南的契机是由于在1970年代后期到1980年代前期，发生多起的在入口附近碰撞的玻璃事故。当时入口的玻璃门好像很喜欢用大面积的普通平板玻璃，这种大面积的玻璃，开放性较好的另一面就是破裂时危险性非常大。实际在第44页介绍的1979年男孩死亡事故就是与这种大面积普通平板玻璃碰撞的结果。

在分析事故内容之上，归纳了标准要点，大的方面有三类。①安全设计必要性很高的部位要明确的提示；②要提出玻璃的安全选定方法；③寻求对防止碰撞的设计。

列举2个防止碰撞设计的具体方案：一是在玻璃前面60cm范围内设置不能靠近的建筑措施。二是为防止接近玻璃，在玻璃前面设置防护窗或栏杆，或者在玻璃面上设置文字或图形的记号等所谓的张贴防止碰撞的标识。

不过，对于后者的防止碰撞设计标识来说，"期待确切的防止碰撞效果很难，不能称为是单方面的安全设计"，应该在选定安全玻璃基础之上，使用防止碰撞标识来提醒注意安全而已。

当然了，即使读了指南也不是全部问题都能解决，防止碰撞标识的形状和粘贴的高度如何才好，建筑设计者试行错误的例子也有不少。非常可惜，这样的回答在指南中没有，防止碰撞标识指导手册也没有。

玻璃前有明亮空间

有风景等面向玻璃的，本身所在的场所又非常明亮，而玻璃的透明度极高，就消除了玻璃本身的存在感。根据玻璃厂家的说明，据说玻璃表面的反射是为了背景的亮度变得看不见。总之，背景越明亮，玻璃的存在感越弱。

吉村说道："根据周边的状况，玻璃表面上带有的胶带或污点也有被背景明亮的色彩所淹没的情况。"

而且，必须要注意建筑空间的"明暗的反转现象"。例如，店铺的玻璃窗从外面看时，白天因为玻璃表面反射强度高，透明感就弱，到了夜晚，由于内部的照明使店内变得明亮，这时候透明感就很强了。除了受照明的影响以外，有时候太阳光线的变动也会使屋内的明暗发生变化。

连续的地面

一看到玻璃与内外地面相连好像连接成一体时，就很难意识到玻璃存在。

例如，第44页揭示的船桥市民中心大厅的碰撞玻璃事故现场，玻璃夹在内外地面之间，与铺满地砖的地面形成统一的设计，因此看上去就成了内部和外部连续的空间。虽然在玻璃下面有约10cm高的窗户框，但与地面连接感很强，很难感觉到窗框的存在。

虽然如此，但如果改变了内部和外部地面的设计，也不是说玻璃的存在就能容易分辨。

第114页里介绍的国际儿童图书馆的幕墙下部，内外的地面设计虽然不同，但是铺装地面的标高相同的缘故，看起来仿佛能穿过去。

类型3 | 人撞在入口的旁边

撞上入口附近玻璃的事故很多，特别是人出来时不注意撞在门旁边的玻璃上。

图①是茅野市民馆东侧入口的案例（参考第43页专栏里记载）。门斗的照明很亮，因为室外太黑，而使旁边的玻璃透明性增强，没有注意到玻璃的存在而撞上。

图②是在办公室的入口大厅碰撞事故。从电梯间出来的人直接向外出去时，撞上了包围大厅的玻璃。因为室外比大厅明亮，很难分辨出有玻璃的存在。

图③是在玻璃区内的入口大厅成人碰撞玻璃的事件。因为在撞上的人前面太阳光的徐徐落下，使玻璃看上去十分透明。现在，在撞上的玻璃室内一侧放置了伞架。

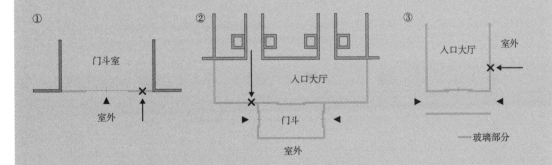

设计指南 | 危险部位的图示

《使用玻璃门窗的安全设计指南》说，是由于不注意而发生碰撞可能性很高的部位，如出入口和它相邻的部位（参考下图）。这些危险的部位，要求使用撞上不易破裂，即使破裂也不容易伤人的钢化玻璃或合成玻璃等种类的安全玻璃。该指南没有法律上的强制力，不过从确保安全的观点来看，对非特定多数的设施是适合的。

玻璃的安全设计必要性很高的适用范围

要求安全设计的地方	•集会场所的前厅等 •百货店、展示场等的通道、休息场所等 •学校、体育馆等 •浴室等
希望安全设计的地方	•事务所、店铺的入口周围等 •医院、旅馆、公共住宅等的公用部分 •医院、养老院等的居室 •住宅、公共住宅、旅馆的居室

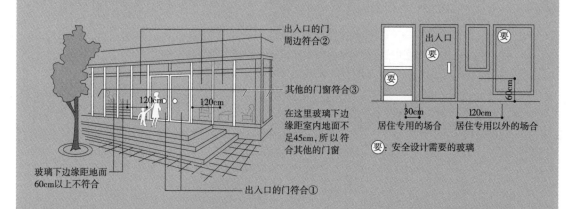

— 出入口的门周边符合②

— 其他的门窗符合③

在这里玻璃下边缘距室内地面不足45cm，所以符合其他的门窗

玻璃下边缘距地面60cm以上不符合

— 出入口的门符合①

出入口

要

要

30cm 居住专用的场合

120cm 居住专用以外的场合

60cm

要: 安全设计需要的玻璃

玻璃的安全设计必要性很高的部位

玻璃尺寸	部位		居住专用的部分（住宅）	其他的部分（非住宅）
短边的长度45cm以上	出入口和其邻接部	出入口的门①	从地面开始不足60cm的高度下面有玻璃	
		出入口门的周边②	从门边开始水平方向不足30cm的范围内包含一部分或全部，并且距地面不足60cm的高度范围内有玻璃（参考上图）	从门边开始水平方向不足120cm的范围内包含一部分或全部，并且距从地面开始不满60cm的高度范围内有玻璃（参考上图）
			但是，该玻璃和出入口之间有永久隔墙间隔等或与出入口的间隔没有用连续的玻璃面构成的是不按此类考虑的	
	其他的门窗③	一般	距地面不足30cm的高度范围内有玻璃	距地面不足45cm的高度范围内有玻璃
		浴室和学校等	距地面不足60cm的高度范围内有玻璃	

（资料：修订版《使用玻璃门窗安全设计指南》的指导手册 / 日本建筑防灾协会、机能玻璃普及推进协议会）

防止碰撞策略 | 用盆栽或立伞架防止接近

在物理和视觉上下功夫是不能撞上玻璃的主要方法，有以下两种：

一种是有接近玻璃踟蹰不前的方法。例如，在玻璃边上放置盆栽或立伞架等，而沙发和桌子放置的情况比较多。还有可以在脚的附近延伸些电线或绳子之类的方法，届时，脚下撞上那些电线为了不被绊倒而放缓步伐。

另一种是在玻璃面上贴防止碰撞标识。防止碰撞标识没有标准形状，是由建筑物管理者或建筑设计者独自考虑决定的。以前大多使用带状或圆形标识，最近并排垂直线的方式引人注目。也有在下部张贴半透明胶带的想法。

  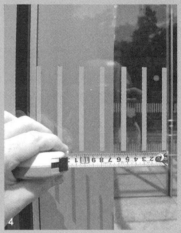

1 从室内（右侧）到室外横穿，出现了撞上办公室玻璃的事故。事故后，玻璃周边上用黄色的链子围上；**2** 为防止电动车椅子撞上玻璃的事故发生，玻璃旁边设置了沙发；**3** 在玻璃旁边有清楚显示的台阶或水池等，冲撞玻璃的事故就不易发生；**4** 玻璃防止碰撞标识的例子。标识上端的高度约105cm。这个设施有60个地方张贴，并贴了双画线

[事例]　　JR京都车站

夹住

因未进行改建的设施而导致的死亡事件

2006年在JR京都车站发生了
貌似流浪汉的男性被防火卷帘门夹住致死的事故。
为新建设施而设定的安全对策，
但对原有设施完全没有考虑的事态由此呈现出来。

2006年3月1日上午11点55分，在JR京都车站八条口内、临近近铁京都车站的工作人员发现，在防火用的卷帘门和地面之间夹着貌似流浪汉的69岁的男性。虽然把男性运到医院，但还是在第二天的下午1点死亡了，死因是胸部被挤压窒息而死。

发生事故的卷帘门是在1981年由小俣卷帘门工业（东京都北区）制造的。卷帘门的大小是宽2.6m，高2.4m，重约180kg。卷帘门开闭的控制开关离事故现场约7m远，并且在开关与事故现场之间有正要为临时施工店铺而设置的工程用围挡和柱子等，处于不能看见的状态。

在2006年6月埼玉县内的浦和（现在的埼玉）市立别所小学校里，二年级的男孩遭到电动门的被夹事故，国土交通省于2005年7月，对建筑基准法实施令进行了修正。

制定了防火设备关闭时要确保人的安全。该实施令在当年12月施行。并且，在该实施令的告示里，对新设防火卷帘门时，规定了要满足下面的两种规定。

视界不好的地方不能设置安全装置

一是卷帘门的关闭速度的平方乘以质量得出电动门的动能在10J以下，能够使冲击得以缓和。另一个是卷帘门和人接触场合下，谋求对人不得挤压的措施而设置的5m内自动停止的危害防止机关。

这次引起事故的卷帘门由于是原有的设施，必要的满足要求的规格都没有，即使那样，如果安装了危害防止机关，事故防备的可能性提高，电动门带来的冲击力就减小了。

日本卷帘门和门协会事务局的栗原博美次长说："通常，由于卷帘门的关闭速度很慢，关闭时的动能是10J以下的。"经过该协会的小俣卷帘门工业确认，卷帘门的关闭速度是每秒约8cm。因为通过对卷帘门的重量和关闭速度计算出动能约0.6J，能够看出动能满足新的标准。

栗原次长说："危害防止机关安装的话，卷帘门1扇平均约要30万～40万日元。为此，民间的建筑物里原有的卷帘门的改建还没有进行，一部分公共建筑也在停滞中。"

于是对原有设施的对策提出这样的建议："工程等在视野不好的场合下，在视野良好的位置设置临时开关的对策也是有效的"（栗原次长）。

JR东海关西分社宣传室做出了"因为视

野不好的理由，原有的防火卷帘门未设置危害防止机关"的说明。

事故现场的概要图

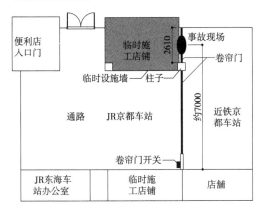

至今为止发生的因防火卷帘门而导致的严重的人身事故

发生日	场所	事故内容
1987年5月1日	长野市立大豆岛小学	三年级的男孩头被夹成重伤
1991年10月18日	松户市立古个崎小学	三年级女孩腹部和胸部被夹
1995年1月12日	北九州市立青叶小学	三年级男孩头被夹失去意识
1998年4月14日	浦和市立别所小学	三年级男孩头被夹致死
2004年6月3日	所沢市立小手指小学	二年级男孩头被夹致重伤
2004年6月8日	佳世客五城目店（秋田县）	84岁男性背部被夹致伤，治疗一星期

*名称是事故当时的称呼

[事例]　六本木新城

夹住

效率优先招致的悲剧

2004年3月，男孩被自动旋转门夹住致死。
这是东京新名胜地发生的事情。
效率优先的结果招致了事故。
在这之后，旋转门的采用就受到很大的阻碍。

事故发生是在2004年3月26日上午11点30分左右，在东京新名胜地六本木新城的森塔楼二楼正面的出入口，6岁的男童头部被自动旋转门夹住致死，据推测男童的头部受到约为800kgf/cm²（约80MPa）的压力。当时，门旁边求助室被设置了临时防护围挡，没有警备人员。

通过事故后的搜查，判断男童是从临时围挡杆和门之间穿过去，防夹感应装置没有感应到，结果门一关就夹住了。感应器是设置在死角的地方，应该是从当初设定的地方变更过来的。警视厅搜查一课和麻布警察署在3月30日以工作的过失致死嫌疑罪名，对设施管理的森大厦和原制造公司的三和卷帘门工业等的家宅进行了搜查，从事故发生5天来以不寻常的速度强制搜查。

"又重又快"的自动旋转门

发生事故的旋转门是叫"silenus"的商品，是由三和卷帘门工业的下属公司田岛顺三制作所（东京都丰岛区）制造，三和田岛（同地区）销售的。

旋转门是不锈钢制，圆筒形的壁体中间，切割成二部分的中切类型。中央切分成的滑动式自动门，根据情况能选择对应的形式。在现场设置的是每个区域定员为7人，它是同种类型号里最大的。

森塔楼的二楼出入口在2004年3月26日，发生了6岁男孩被自动旋转门夹住致死的事故。照片是事故刚发生不久，警视厅对实际情况调查现场

门高2.4m，直径4.8m，重量包含发动机和天棚有2.7t。事故当时设定的旋转速度为1分钟3.2转，门外周的速度是每秒80cm。

旋转门安装各种各样的感应器，为了防止被夹事故，在天棚和抱框设置红外线感应器。当距离约70cm以内接近抱框和门时，人或障碍物能够被感知并可以停止旋转。天棚的感应器设定标准是距地面高80cm以上能够感知到，但当时是在120cm以上，所以感知的范围很狭窄。

抱框是接触式的感应器安装在内藏的胶皮里，人撞上使旋转能够停止。但是，在万一被夹住的场合，没有逆向推回去的机械安全装置，旋转门防夹感应器检测到向后停止为止的工作距离是25cm。这个距离在旋转门的使用说明书中并没有记载。

—

旋转门是森大厦特殊规格的订制品

—

旋转门采用的背景是为了响应建筑规划的要求，力求改善室内环境和空调效率。

六本木新城市是2003年4月开业的，除了办公室，还入驻了店铺和美术馆等复合设施，开业半年里有2600万人次到访。位于设施中心的森塔楼设置了同型号的自动旋转门8台，手动旋转门37台。自动旋转门采用在人通行较多的主要出入口。

三和田岛的商品目录中，silenus指"实现最大限度的通行空间里通行宽裕"，"内藏有车能出入的机能"宣传文字的记载。三和卷帘门工业在记者会见时做出了说明："从美观这点来看它是出色的"。

采用的旋转门能够提高建筑物的空调运转能效、节省电费等优点。比其他型号的门更能截断外面的气流，使风不能直接进入。设计者在森大厦的记者见面会上做

事故的概要图

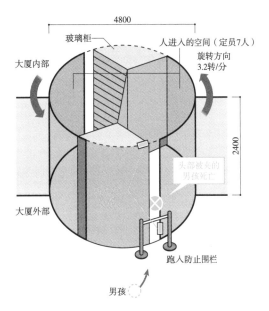

男孩跑入防止围栏，门一关夹住了头。门的重量是2.7t，外周的速度是每秒80cm。从天棚悬挂的门，其发动机反时针运转工作。防夹红外线感应器，在当初设定的感知范围很窄。门夹住的场合，没有逆向推回去的机械安全装置

防夹感应器安装在开口部的天棚和抱框下部2个地方

了说明："冬季为防止风贯入而采用该型号的门"。

采用的旋转门是特别订制的商品，规格是森大厦和三和田岛协商决定的。

例如以控制室内温度变化为目的，旋转

门内的玻璃柜前面的隔断用百叶窗做成。这种百叶窗是森大厦和田岛共同在2000年12月申请的专利（专利申请公开番号：专开2002-180763）。在专利中用旋转门对通行者的安全性有进行描述。

六本木新城内发生的旋转门事故及其应对措施　　　　　　　　　　（资料：森大厦的资料是基于日经建筑制成）

（大型自动旋转门（8台）发生事故＝13件（被夹有8件，猛撞、跌倒有5件））

	发生日	受害者	状况	应对措施
2003年	4月26日	男性	撞上旋转门，左眉毛和左腕破裂伤	救护室内处置
	4月27日	男性	撞上旋转门 左眼出血	用救护车送进医院
	5月14日	女性	触到旋转门的玻璃上，头部和眼周围破裂伤	用救护车送进医院
	6月9日	男孩（8岁）	向母亲陈述头被旋转门夹了，右耳后擦伤，头痛	用救护车送进医院
	8月25日	男孩	手腕被旋转门夹住，右肘肿胀，内出血	救护室内处置
	11月25日	女孩（2岁）	旋转门1人进去旋转时，被门中间的旋转部分下面夹住。伤到身上和右脚腕	用救护车送进医院
	12月7日	女孩（6岁）	同行的小朋友追逐，跑进正要关上的旋转门里，身体被旋转门夹住。耳后有破裂伤，左膝撞伤	用急救车送进医院
	12月13日	女孩	右脚被旋转门夹住，右脚肿胀	救护室内处置
	12月21日	女孩	左脚被旋转门夹住，左下肢肿胀	救护室内处置
	12月27日	女性	撞上旋转门，右膝扭伤	用救护车送进医院
2004年	1月9日	女性	门前跌倒，头后部撞伤出血	用救护车送进医院
	2月1日	女孩	左脚被旋转门夹住，左脚指甲撞伤	救护室内处置
	3月26日	男孩（6岁）	头被旋转门夹住死亡	用救护车送进医院

森大厦实行的事故防止对策

▶追加引起注意的标识
▶扩大非常规停止开关的表示

▶扩大引起注意的标识表示
▶设置跑入防止围栏

▶旋转门停止旋转

（小型手动旋转门（37台）发生的事故＝20件（被夹有18件，猛撞有2件））

（用救护车送进医院事件）

	发生日	受害者	状况	应对措施
2003年	5月4日	小孩	腕子被旋转门夹住，腕部撞伤	用救护车送进医院
	5月24日	女性	左脚被旋转门夹住，左脚的无名指和小指肿胀	用救护车送进医院
	12月13日	女性	右手被旋转门夹住，右手指甲擦伤和红肿，右手腕肿胀	用救护车送进医院

对于三和卷帘门工业来说，接受了对制造前旋转门施工图的绘制，规格和材质及节点的认可。三和田岛在2002年9月的埼玉县工场里，对8台中的1台进行组装、检查并实施，确认了速度的设定和传感器的工作状况。2003年3月实行了竣工验收，全部过程都是有森大厦负责人到场，交工时，三和田岛向森大厦提出了操作说明书。

招致死亡事故的主要原因的应急对策

从森大厦在3月27日了解到，在死亡事故发生之前，六本木新城的旋转门也有32件事故发生，大型自动旋转门有12件事故发生。一步走错就会容易导致同样重大事故的例子发生。所以不仅仅要制定应急发生防止

对策，应从根本上杜绝发生，如果就这样继续下去的话，还会招致死亡事故。

2003年12月7日，发生了女孩被自动旋转门夹住，割伤耳后侧的事故。发生事故的森大厦在12月9日与三和田岛探讨防止再次发生事故的对策。归纳总结了6项对策，其中的一项对策就是在门的关闭处设置临时围栏等。

这种临时围栏设置的结果就是让感应器的死角成了事故原因，据三和卷帘门工业说，12月下旬，在8台自动旋转门天窗里的感应器的检测感知度有一定范围，距离地面的下限范围80~135cm进行了变更，发生事故的机器设定是距离地面120cm。门前设置跑入防止围栏的横带由于大风而触碰了红外线，使门频频发生停止错误的动作。

调查 | 过去发生的270件自动旋转门的事故

遭遇了东京都港区的六本木大厦发生的儿童死亡事故，国土交通省在2004年4月19日，公开发表自动旋转门运行状况的调查结果。直径3m以上的大型自动旋转门在全国的294处设施里设置了466台，除去六本木大厦的事故，确认有270件事故发生。调查是国土交通省在4月1日要求下属各都道府的建筑行政管理部局进行的，于4月16日前提交的报告。

根据调查结果显示，270件事故中，伤人的事件有133件，其中骨折的23件，撞伤的110件。剩下的137件是没有受伤或症状不明显的案子，个别的事故案例还出现解释不清。

受到六本木大厦的事故影响，在调查事件的时间内，停止使用的旋转门接近半数以上，其中有206台停止使用，132台用推

拉门代替旋转门使用，剩下的128台是在配备了警备人员等实行安全对策基础上使用。

对466台建筑物用途得以确认，分别是事务所和旅馆、店铺等商业、产业设施314台（168处设施），医院和养老福利等医疗福利设施108台（99处设施），学校和图书馆等文教设施38台（24处设施），官厅等行政设施6台（3处设施）。

夹住

[分析·对策] 自动旋转门的安全

巨大的夹持力是问题

为了验证核实自动旋转门的事故，
工学和医学等专家聚集到一起成立了"门调查项目组"。
调查出事故的原因，
就是忘记了最初的安全意识。

被自动旋转门夹到的时候产生的夹持力，与其他的门相比要大很多。这是六本木大厦发生了自动旋转门事故之后，成立的民间研究小组"门调查项目组"调查得出的结果。

研究小组是由著名的失败学专家，工学院大学的畑村洋太郎教授呼吁工学、法学和医学等各个专业的专家发起成立的。调查的对象包括：①旋转门；②自动推拉门；③电梯门；④卷帘门；⑤平开门；⑥电车门；⑦汽车门。不只是旋转门，也涉及了一般被普遍使用的各种门。对实际使用的门做了实验，例如，旋转门就是用发生过事故的森塔楼的门做的实验。

为了在力学上测试这个现象，测试被门夹住时产生的夹持力。归纳出夹持力的最大值，得到了下表的数据。特别是大型自动旋转门的数值很大，在与发生事故当时，相同的旋转速度在78cm/s的条件下运行时，发生的最大夹持力大约为8500N（约850kgf）。"孩子的头部能承受的夹力约

门的最大夹持力的测定结果（资料：基于门调查项目组的资料由日经建筑制成）

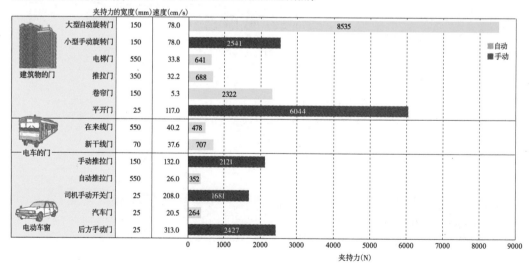

		夹持力的宽度(mm)	速度(cm/s)	夹持力(N)
建筑物的门	大型自动旋转门	150	78.0	8535
	小型手动旋转门	150	78.0	2541
	电梯门	550	33.8	641
	推拉门	350	32.2	688
	卷帘门	150	5.3	2322
	平开门	25	117.0	6044
电车的门	在来线门	550	40.2	478
	新干线门	70	37.6	707
	手动推拉门	150	132.0	2121
	自动推拉门	550	26.0	352
	司机手动开关门	25	208.0	1681
电动车窗	汽车门	25	20.5	264
	后方手动门	25	313.0	2427

自动 手动

计算测得的夹持力最大值。大型自动旋转门的数值巨大。手动门全都受到1000N以上的力。夹持力的宽度可看成是550mm成人男性的肩宽，350mm的女性和孩子的肩宽，150mm的头部和70mm的腕部及25mm的手指。

为1000N，大人的头部能承受的夹力约为2000N"。据畑村教授说是存在导致死亡事故发生可能性的。

—

用假人试验解释机械装置

—

试验分为"预测试验"、"精密定量化试验"和"假人试验"三个阶段来进行。在预测试验中，观察会发生什么样的现象，是将团成球的报纸或塑料瓶等夹在门上。然后是实施精密定量化试验，用力探测器来正确测定冲撞时的力。自动旋转门的夹持力最大值就是通过这个试验测量出来的。

最后，就自动旋转门也开展了假人试验。目的是更准确地把握给人体造成的夹持力的状况。将假人改良成"汽车冲撞实验"那个的假人，头部装上了三轴力感应器，可以测试头部受到的力和动量。然后被夹住的过程通过高速相机来记录。

通过假人试验得出旋转门事故的机械装置如下。被夹住的头部是被拽入旋转门的门扇和抱框的缝隙里，但是两肩撞到门扇和抱框，颈部以下的身体不能前进，只是颈部以上的部分被往前拽。头部先是歪斜然后是破裂，假人的头部被夹住的瞬间受到的力约为5700N。在最初的冲击中，受到的力是能使人的头部破裂的力度。

—

在技术发达的过程中失去了安全意识

—

畑村教授提到"问题在于旋转门的重量太大了"。

发生事故的旋转门是被称为"Synares"的机种，是三和卷帘门工业的子公司、三和田岛销售的。直径为4.8m，重量约为2.7t。圆筒状的壁体中，被分割为两部分空间的样式。中央的隔断是板式的自动门。天棚上安装了使门旋转的两台发动机和制动器。没有安装被门夹到后反向回转的安全装置。

Synares的技术来源于欧洲boonidham公司的旋转门。欧洲制造的旋转门中同样的尺寸重量却只有0.9t。这个差别是因为驱动部和回转部的技术内容不同导致的。例如门的骨架，欧洲制造采用的是铝，日本制造却采用的是钢铁。本该轻盈的旋转门却成了厚重的门。

这也是由于对旋转门期望的功能不同的缘故。旋转门的主要用途中，欧洲是用于保持室内的温度。在日本，室内外的气压差大

用假人试验头被夹住的过程
（资料：门项目组）

（头被夹住的瞬间）

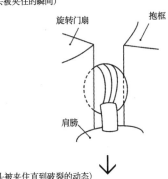

（头被夹住直到破裂的动态）

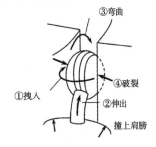

通过高速相机的图像判断，夹住的头部是被拽入门和抱框的缝隙里，肩膀进不去缝隙里面，头部被向上牵引，导致头部变形，最后破裂

的高层建筑中，希望防止室外的空气流入室内。为了满足建筑的需求，采用有强度的材料时如果仍采用中心驱动就不能使门旋转起来。所以改变了驱动方式，也安装了各种感应器。另外，希望能够更美观，所以也安装了不锈钢的装饰板。这样旋转门的重量就增加了很多。

制造方的经营环境也发生了变化。1998年在日本开展业务的合并公司BOON田岛的母公司经营破产了，被三和卷帘门工业收购，并解除了合并。伴随着欧洲厂商的撤退，图纸等设计资料被带走，相关的技术人员也都四散各地，只剩下实物作为参考制造出来的旋转门，却与欧洲制造的技术内容有很大的变化。

伴随着技术的发展，与安全意识相关的设计思维也没有被传承下来。畑村教授提及："在欧洲存在着如果重量增加，就会有危险这样的意识。但在传到日本的时候，最重要的东西被忘记了，加上了很多多余的东西"。

—

"事故在责任分担的漏洞中发生"

—

经过一系列的调查，也出现了令人意外的结果。自动式的门中，卷帘门的夹持力约为2300N，但是电梯门和自动推拉门却在700N以下。另一方面，手动门都超过了1000N。多数的自动门安装了速度不太快的机械装置，但是手动门没有安装。畑村教授提及："使用者会认为可以自己控制的手动门更安全，其实越是手动门就越存在着很大的危险"。

在研究小组讨论的过程中，了解到自动门的设计中存在被称为"10J"的隐性知识。也就是"门的动能如果不在10J以下就会很危险"。电梯门和平开门的设计者或用了这个知识。例如，门的重量在50kg的情况下，速度设计在每秒63cm以下。但是，旋转门、汽车门和电车门的设计者据说不了解这个知识。不同专业之间没有共享这个隐性知识。

发生死亡事故的旋转门的技术变革（资料：基于门项目组的资料由日经建设制成）

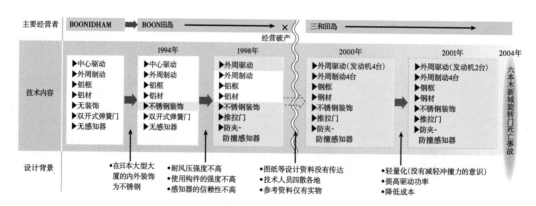

门调查项目组对Synares大型自动旋转门"silenus"的来历进行了调查，这是从欧洲引进日本的技术，在要求不同，经营环境发生变化的背景下，旋转门的回转部分和驱动部分的技术内容发生了变化。该调查是在三和旋转门工业的子公司、田岛顺三制作所的协力下进行的

为了防止事故发生，与建造方的配合是不可欠缺的。畑村教授提到："发生事故的旋转门，应该是需要建筑设计师、机械设计师、建筑管理者、行政四方共同负责的领域。但是实际上没有人认为自己有责任。可以说是在责任分担的漏洞中发生事故的典型案例。"

"手动门的危险度" | 平开门的门尾处有约6000N的夹持力

通过验证，手动门的危险性受到了重视。手动门的夹持力无论如何也超过了1000N。被门夹住的瞬间受到的力为冲击、杠杆和自重三种。旋转门和推拉门是冲击，平开门是由于杠杆原理所以力量增加了。卷帘门由于自重而产生夹持力，"手动门即使人受伤了也会认为是自己的责任。但是，实际上是因为设置了产生力的装置。"（畑村教授）

例如，第二个是记录了巨大夹持力的平开门。在门的门边一侧和门尾一侧放置计量器，将门轴取下来关上门。门尾一侧的夹持力很大，计算得出约每秒117cm的速度下约6000N（约600kgf）的夹力。通过力的波形可以了解到被撞到的瞬间发生了很大的力，物体被撞倒的样子。畑村教授提及："设计时需要在调整门轴的同时，合页的位置也要调整到不会夹到手。"

手动门的实验概要和测定结果（资料：门项目组）

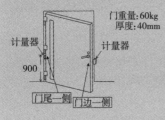
被测定的门和计量器的位置
门重量:60kg
厚度:40mm
计量器
900
门尾一侧 门边一侧

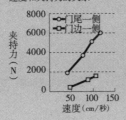
速度和夹持力的关系
夹持力（N）
门尾一侧
门边一侧
速度（cm/秒）

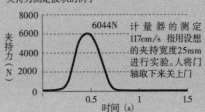
夹持力测定波状的例子
夹持力（N）
6044N
计量器的测定117cm/s 指用设想的夹持宽度25mm进行实验。人将门轴取下来关上门
时间（s）

研究者的观点 | 设计者想象一下设备运行的状态

门调查项目组代表 工学院大学教授 **畑村洋太郎**

一旦发生事故，责任的追究和原因的调查就会被混为一谈。旋转门事故中也有这方面的担心。所以我本人为了调查原因而成立这个项目。虽然拿出费用，但是没有拒绝热心的人和公司。去世的男孩就是动力。

旋转门是使很重的门高速旋转，但是想法中存在着只是通过感应器来确保安全的漏洞。可是，也不能全部否定旋转门。也有人说"取消旋转门"，这是不对的。设计做一些改变，使用轻便的缓冲材料，或者使用被撞到的时候门扇会折弯的装置等就可以了。

设计师需要的是想象一下机械和装置运行时的状态，想象一下危险的状况。在建筑设计中就缺少这个关注点，只是预留了空间，后面就完全不管了，这是非常危险的。随着分工的发展，一个人能够做的领域在变窄，在工作分配的漏洞中就发生了事故。

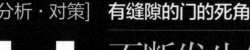

[分析·对策]　有缝隙的门的死角

不断发生幼儿受伤的事故

在不良房屋门和地面之间设计的缝隙，
被夹到脚趾受伤的事故频繁发生。
通过东京都的调查了解到
受伤的大部分是1~3岁的孩子。

夹住

在不良房屋设计的门和地面之间的缝隙中，幼儿的脚被夹住指甲脱落等受伤事故频繁发生。以有1~6岁孩子的人为对象在东京都实施的调查，结果在2010年3月公布，在2009年12月是通过网络调查的。

回答者的2000人中，在自己家里设置缝隙的有1004人。其中27%（271人）有过差点因为门使孩子受伤的经验。有16%（164人）的人家里孩子确实受过伤。受伤的人中"擦伤脚或者是划伤"的是最多的（其中85%），然后是"脚趾受伤"（占12%）。

差点受伤或孩子受伤时，孩子开关门的情况达到了60%。卧室、走廊占67%是最多的，然后是厕所达到了27%。从年龄来看，2岁的孩子占37%是最多的，1~3岁占到了80%以上。

对具体的情况也做了收集。"孩子的手能够到门把手，门的开关感觉很有意思。玩

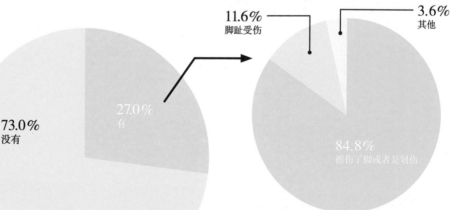

有无因为设置了缝隙的门差点使孩子受伤的经历（N=1004）

在回答有的人中，受伤的内容（N=164）

73.0%
没有

27.0%
有

11.6%
脚趾受伤

3.6%
其他

84.8%
擦伤了脚或者是划伤

（调查概要）针对东京都内居住人口中有1~6岁孩子的2000人（区部68%，市町部32%），通过网上进行的调查。调查时间是2009年12月22~25日。基于东京都的资料由日经建筑制成

因发生事故而受伤时的情况（N=271）

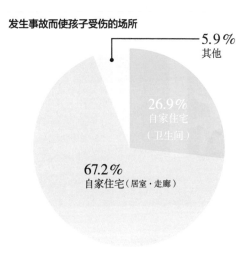

0.7%
门关闭时的
状态

3.7%
其他

35.4%
除了孩子以外的
人开关门

60.1%
孩子自己开关门

发生事故而使孩子受伤的场所

5.9%
其他

26.9%
自家住宅
（卫生间）

67.2%
自家住宅（居室·走廊）

的时候孩子自己夹到脚趾指甲脱落了"，"没有注意到站在厕所前面等着的孩子，像平时一样打开门，夹到了孩子的脚"。

回答中，有些居民提到"通过门档使门保持开着的状态""用海绵等材料堵在缝隙的位置"。

在调查中，对幼儿身边危险的事例做了收集，也包括医疗事故。东京都称，关于医疗事故体验没有向消费生活中心等提供信息。而发掘引起事故的事例就是为了将事故防患于未然。

得知结果之后，东京都将防止事故发生的注意事项做了总结并制作了指导手册，唤起居民的安全意识。也向日本建材和住宅设备产业协会和康复协会等提供了情报。

室内装修综合征是在提高新建住宅的气密性的1990年代显现出来的。2003年7月实施的修正建筑基准法中，设置24小时换气装置的对策流行起来，如果设置缝隙的话，24小时换气装置最少能减少1台。

因事故而受伤孩子的年龄（N=271）

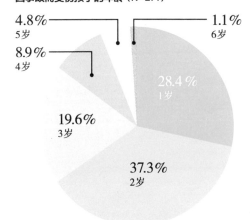

4.8%
5岁

1.1%
6岁

8.9%
4岁

28.4%
1岁

19.6%
3岁

37.3%
2岁

自家住宅的门有无缝

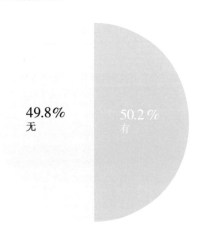

49.8%
无

50.2%
有

夹住

[分析·对策] 门设计的安全问题

儿童事故的意识调查

有对儿童的事故和门的设计之间的关系做的调查数据。
NPO法人实施的这项调查是以监护人等作为调查对象。
在孩子身边的约半数人
认为门和门周边的设计是事故的原因之一。

2004年3月，东京六本木新城发生的旋转门夹住头部致男孩死亡的事故。在这之后，有手夹在扶梯的扶手和保护板之间的缝隙里等，由于建筑的原因使孩子受伤的事故一直不断。

关于儿童的事故和设计的关系，监护人和房屋建造公司的社员等是怎么考虑的呢？NPO法人（特定的非营利活动法人）的儿童设计协会等在2009年1月做了很有意思的问卷调查。

"3岁的幼儿被门夹到小手指骨折的时候，认为是门和门周边的设计原因么？"针对这个问题，考虑的人从"完全认为是"到"稍微认为是"，认为"是"的占到了49.3%。

认为这样的事故如果在门和门周边的设计上再下点功夫的话就能够预防的人占到了68.2%。认为为了防止事故发生，应该对门和门周边进行改良的人占86.0%，认为事故和设计有深刻的关系人占多数。

台阶和屋顶也是同样，在建筑内发生事故的时候首先考虑设计是其中原因之一的人很多吧。希望设计者深刻反省。

状况 3岁孩子，在与家中做家务的亲属追逐玩时，被关门夹住手指，导致小指骨折

完全认为是	是	稍微认为是	认为不是	没想	完全没想

Q 这个伤（小指的骨折）认为是否是门和门周边的设计原因

8.6	18.4	22.3	13.4	17.5	19.9

认为是一派　　　　　　　　　　认为不是一派

0　10　20　30　40　50　60　70　80　90　100%

Q 这个伤（小指的骨折）认为是否门和门周边的设计上再下点功夫的话就能够预防

22.7	26.3	19.2	8.3	11.0	12.5

认为是一派　　　　　　　　　　认为不是一派

0　10　20　30　40　50　60　70　80　90　100%

Q 为了不受这样的伤，认为是否应该对门和门周边进行改良及零件进行开发う

42.0	24.1	19.9	5.9	4.6	3.5

认为应该一派　　　　　　　　　　认为不应该一派

0　10　20　30　40　50　60　70　80　90　100%

（调查概要）NPO法人儿童设计协议会和产业技术综合研究所人间画像研究中心共同在2009年实施的。该协议会会员企业和团体的职员3108人和幼儿园及保育园的人810的回答得出的

楼梯·高差

[事例] **爱知艺术文化中心**

对不容易识别的高差的投诉

跌倒

不断有人抱怨说楼梯平台和地面采用同样的花岗石铺装。
因为往下看的时候不容易识别高差，很危险。
阴天和晚上等光线昏暗的时候更加难以识别。

　　台阶的高差不容易识别，边缘难以看清楚，脚下非常危险……爱知艺术文化中心设施科的杉村好满提到："在服务窗口抱怨这样的事情，或者是提交投诉书的人很多"。

　　他边说边带我们先去看的地方是位于二层入口门厅的多层台阶。现如今在台阶前缘贴了防滑条，所以每级和每级台阶都区别的很明显，缓缓大弧度勾画出宽阔的踏面，地面和楼梯平台都采用了同样的花岗石，在开

放当时，杉村说："边界真的很难识别"，"从下往上看台阶没有这种问题，但是从上向下看的时候很难识别高差。特别是阴天或晚上周围光线昏暗的时候更加难以识别。有这样不满声音的以老年人居多"。

　　而且，进入设施的外部入口、美术馆的屋外展示空间的地面也是采用了同样的花岗石，这些地方的台阶也是有很多使用者反映说"高差很难识别"。

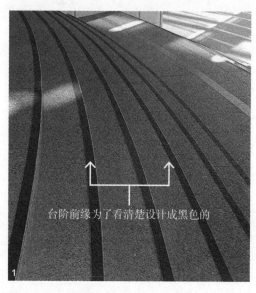

台阶前缘为了看清楚设计成黑色的

1

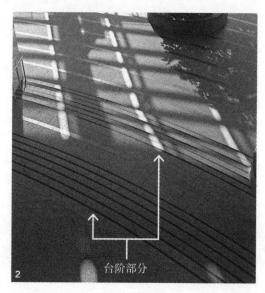

台阶部分

2

1 二层入口门厅台阶。为使台阶前缘容易分辨，贴了黑色的防滑条（照片：西山麻夕美）；**2** 从上面看入口门厅，缓缓大弧度勾画出黑色线条的台阶前缘

公共区域设施的地面基本上都使用了同色系的花岗石来统一石材，不仅如此接缝也很狭窄不明显。整齐设计的相反效果就是台阶的高差不容易识别。

设施科为了改善这样的状况，在开放后经过四、五年，在台阶前缘贴上了防滑条等安全措施。从设计师处得知馆内的台阶，选择了不会对馆内安定的氛围产生影响的黑色的防滑条。

另外，因为设计的主入口是在二层，室外台阶多，也可以作为一般的通道来使用。所以，在室外台阶前缘贴上了更加显眼的黄色胶条。

杉村说："采取了这些对策之后抱怨和投诉信减少了很多。"

为了分清楚室外阶梯和台阶前缘，在台阶前缘上张贴了黄色的防滑条（彩图见文后彩图附录）

类似事例 | "最后的一级"也很危险

对某个商业设施的室内台阶，不断有人抱怨说"很容易摔倒"。台阶的最后一级，设计了舞台状的很宽的一级台阶（参考下图），舞台状的一级和地面的颜色相近而使事态恶化了。设计者说："使用者在下最后一级台阶的时候认为台阶已经没有了，没有想到还有一级就会差点摔倒。"

为了提高安全性，设计师与设施业主商量，为了提高台阶周边的照度而实施了增加照明灯具数量的改良工程，并且在最后一级的台阶前缘涂上了显眼的颜色。

设计者设计时考虑到可以从三个方向上台阶，并且感觉看起来像是浮在中庭的地面上似的，所以设计出了舞台状的台阶。但是设计师反省说："最后一级的形状不容易意识到是踏面，为了唤起注意需要在改变材料颜色等上面下一些功夫。台阶还是连续的像是步行似的设计安全性比较高。"

舞台状的"最后的一级"和地面的装饰相近时，是容易踏空或者跌倒的地方

[事例]　**国际儿童图书馆**

扩建产生的高差使人跌倒

扩建时为了将空调设备设计在地下
而发生了女性踩空一级台阶而跌倒。
设施中虽然设置了请注意脚下的看板，
但是可能没有看到。

跌倒

　　"这里的高差不容易识别，很危险"。在东京上野公园里的国际儿童图书馆的员工们非常在意图书馆全面开放前，三层通道里的高差（参见左下角的照片）的危险性。高差是该图书馆扩建的原因而产生的。为了将空调设备设置在通道的地下，扩建部分的地面需要抬高约13cm。该图书馆认为有必要将存在的高差事情明确传达给使用者，就制作粘贴

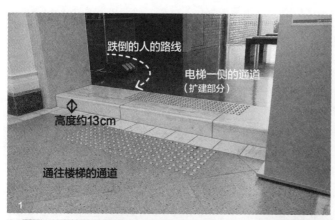

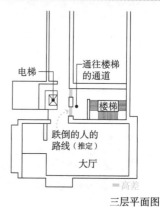

三层平面图

1，2 女性跌倒的三层有高差位置。从大厅出来的女性，向楼梯间走去时，没注意台阶高差，脚下踏空。楼梯间在左下照片的中间往里能看到的黑色的门前就是。门通常是开着的；**3** 三层有高差的位置设置了引起注意的牌子（彩图见文后彩图附录）

了唤起注意的牌子。就是下面的照片。

该图书馆企划宣传员解释说："比起只是'注意脚下'的文字信息，将高差用图画出来的基础上，比直接表现'这里有高差'的方法更能提高安全性。"在这里准备了两个牌子，分别放置在有高差的地方（如右侧照片）。

即使是这样，也会有人摔倒。从大厅出来走向楼梯间的中年女性，没有注意到高差，踩空了。该图书馆的企划宣传员说："摔倒的女性一边和别人说话一边走路，没有看到唤起注意的看板。"

研究建筑设计的跌倒事故的吉村英祐（大阪工业大学教授）对国际儿童图书馆的高差做了如下的分析。

"面向台阶的时候，楼梯间是很明亮的，视线容易向前，这样的话，就不会注

唤起注意的牌子

4 从楼梯间可看到高差的位置。在高差位置设有两处唤起注意的牌子（彩图见文后彩图附录）

意到脚下，如果有高差的话就很容易踩空。本来一级的高差应该做成坡面，但是现有的建筑不能这么做。如果没有看到为了引起注意做的牌子的话，牌子也就没有效果了。用具有创意的、可抽拉的、移动式栏栅，包围通路整个范围和宽度，对明确台阶前缘有效果。"

类似事例｜也有在餐厅楼层跌倒的事例

没有注意到高差，脚踩空直接摔到地上。看到这个场面是在某个商业设施的餐厅楼层的一般通道。汇集了各种餐厅的这一层，居然设置了约1m的高差，部分地方采用了设置高差让客人上来下去的独特空间设计。

由于演出照明的关系，通道有时候会很暗，高差的抬高部分设置了间接照明，能够更明亮更显眼。

但是，下台阶的人对这个亮度不容易了解其高差的位置，不断有人摔倒。

对该件事情，这个单位非常重视，马上实施了改善措施。设置了"注意脚下"的告示板。一

段时间里，也配置了员工来提醒大家注意高差，并且作为根本的改良措施将高差部分安装了斜面。斜面和平坦的地面部分采用了容易区分的颜色。

在这个餐厅楼层，研究建筑事故的专家指出了两点"不合规方式"。

第一点，在让人注视事物的位置周边设置了高差。在寻找哪家店比较好的餐厅楼层的通道位

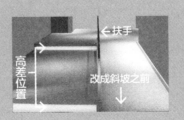

←扶手

高差位置

改成斜坡之前

置上设置高差是很危险的。第二点是台阶与台阶之间的间隔太宽，人在平坦的地方走几步之后就会安心的认为"没有高差"，在下一个有高差的地方就会踩空。多数专家认为集中设置台阶的方法很好。

某个商业设施的餐厅楼层的一般通道，有高差的位置不断有人跌倒。照片拍于改良前。间接照明好像有使高差明显的效果。改善后，高差位置设置了斜坡。（彩图见文后彩图附录）

[分析·对策] 楼梯·高差的安全

从人的行动特征来考虑

跌倒

跌倒和摔落事故有各种原因。
大阪工业大学的吉村英祐教授
以人类的行动特性为基础来分析，分为7个类型。
希望可以在设计·施工时确认安全性的时候使用。

吉村英祐是大阪工业大学教授，正在研究有危险性设计的类型化。吉村说："为了容易理解这些模式，做了图解。"

其中与跌倒有关的为如下七类。看过各种类型之后，应该了解人类的特性主要有三个。

1. 人容易走近道

人在着急的时候就会走最短的距离。在这个时候，脚下的突起物和坡面边缘等位置就在视线以外，容易成为绊倒人的地方。

|类型1|一阶的高差和细微的高差

从离开台阶不远处有一阶的高差，如果高差部分区分不明显，就是造成跌倒或踩空的原因。在出入口附近的一阶的高差也是，如果与地面装饰色调相似的话，高差很难区分，恐怕会踩空。几厘米的高差，处在视野的死角位置，是很不容易区分的。

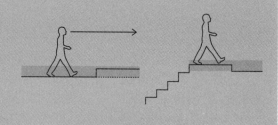

左 面前向下的台阶就是像照片里这样的台阶，上端的台面设置很宽，跌倒时有从楼梯滚落的危险；**右** 卫生间的出入口附近有一阶的高差。上台阶和下台阶的地面装饰色调相似时，高差不容易区分，恐怕有踩空的危险（到第73页为止的资料和照片：除特别标注的以外是由吉村英祐提供）（彩图见文后彩图附录）

2．人正在看其他东西的话就会忽视脚下

被景色迷住，目的地就在前方的话就会容易忽视脚下。如果在这些地方设置了高差或者是突起物的话就会成为踩空或跌倒的原因。

3．知道人视野的死角

脚下是视野的死角。大人的视角里，视线内有障碍物，而对孩子和轮椅使用者来说头上方附近也是死角。

类型2 | 不容易看见的踏步口

当台阶的材质一致时，或者在踏步口周围设计的很难分辨，下台阶时脚下踩空恐怕会摔下去，这是非常危险的。

左 为了台面的材质统一，台阶的区分就不容易（照片：西山麻夕美）；**右** 台阶设计成容易分辨的例子。踏步口画线的同时，黑色的台阶部分向行进的方向延伸，台阶的位置成山形，看上去容易区分（彩图见文后彩图附录）

类型3 | 高差和台阶的判断错误

台阶的最后，有设计成很长的平坦部分"附加的一级"的例子。这就是认为台阶结束后的那一段，恐怕也会发生踩空的事情。并且也是成为最后一级跌倒的原因。有台阶但容易判断为与地面一样，这是成为很容易跌倒的原因。

左 最后一步台阶"附加的一级"的设计例子；**右** 没有考虑到台阶最后还有一级与地面相似的装饰的例子。有无台阶判断错误是跌倒的原因（彩图见文后彩图附录）

类型4 | 斜面与台阶的交叉

斜面与台阶的交叉，为了使台阶的踏步高度尺寸连续的变化，而根据场所的不同高度也不一样，这是造成跌倒的原因。同时不注意几厘米以下的高差也会产生危险。

两张照片是斜面与台阶交叉的例子。为防止跌倒在踏步口画上黄色的线（左侧的照片：日经建筑）（彩图见文后彩图附录）

类型5 | 脚下有倾斜壁和突起物

脚下有倾斜壁或突起物都是视野上的死角，不会被注意到。这是脚部容易碰上和跌倒的原因。特别是在出入口附近和抄近道走的路途中，因一直注意前方走路的时候很多，脚下疏忽而跌倒的危险性很高。

左和中间的照片 脚下的突起是视野上的死角，不会被注意到；**右** 通道的扶手栅栏下面的突起物是导致跌倒的原因（彩图见文后彩图附录）

类型6 | 斜面的两侧产生的高差

斜面的两侧产生的小高差，是造成跌倒或踩空的原因。高低差很小的斜面特别是高差不容易区分时是很危险的。这里也是，出入口附近或作为抄近道的路线，利用者的脚下疏忽而导致跌倒的概率很高。

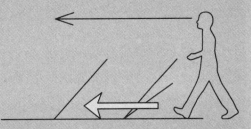

左 是斜面的两侧产生的高差的例子；**右** 为了不让斜面的两侧产生的高差而设置扶手的例子。这样做可防止跌倒事故（彩图见文后彩图附录）

类型7 | 平坦部分和斜面的交界线

平坦处和斜面的装饰相同时，斜面部分从哪里开始是很难分辨的，就会向前跌倒或者踩空。平坦处和斜面的交界线，建议通过地面装饰的变化来明显的表示。扶手的形状和地面的坡度相吻合，会使斜面的位置容易判断。

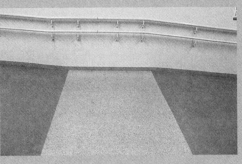

平坦部和斜面的交界线

斜面

左 平坦部和斜面的交界线非常难以分辨的例子；**右** 由于平坦处和斜面的地面色彩改变，结果斜面的交界线很容易看清楚。这是扶手的形状与地面坡度相吻合设计的优秀事例（彩图见文后彩图附录）

注意楼梯井扶手的高度

发生了一起被母亲抱着的婴儿越过楼梯位置的扶手栏杆坠落致死的事故。
事故发生后的对策是设置了比以前更高的扶手栏杆。
接下来介绍一些令人担心的建筑基准法实施令中漏洞部分。

坠落

结婚宴席结束后从会场出来的人们在四层通往三层的楼梯上发生了一场悲剧。被母亲抱着的出生7个月的婴儿闹人，身体一动，弹出了楼梯的扶手，落到了楼梯一侧的楼梯井，婴儿坠落在地下一层的地面上，全身受重伤死亡。

事故现场就是下图所示的围绕着楼梯井的楼梯。据说事故当时，母亲左手拿着行李，右手抱着婴儿。因此婴儿是在楼梯井的一侧。楼梯井一侧的扶手高度比踏面的前端高出91cm。

日本平均的成人女性（身高约158cm，2008年度学校保健统计调查结果）抱着婴儿的场合下，婴儿的重心约离地面110cm~120cm，高出扶手的上端。

酒店的总负责人室长说："酒店开业了大概30年，长期以来，没有意识到扶手是有危险性的，既然发生了事故，就断定扶手是需要改良的。"事故发生两个月之后，酒店在靠近楼梯井的楼梯扶手外侧追加了防止坠落的扶手栏杆。高度大约为130cm ~ 140cm。设置为这么高的原因是为了防止孩子被大人抱着的时候坠落到楼梯井一侧。

现行法规存在的课题

第76页的显示的图是简单画了上述婴儿坠落事故现场的空间。是不是发现了什么奇怪的地方，对，就是面向楼梯井的扶手（扶手栏杆）的高度。

二楼扶手栏杆的高度约为110cm，而更高的三楼通往四楼的楼梯位置的扶手栏杆高度约为90cm，位于高处的扶手栏杆反而低。而且，一般防止坠落的栏杆的高度为110cm

事故后追加的扶手栏杆

原来设置的扶手

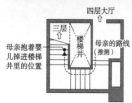

从母亲手臂中坠落的事故现场。男性站立的地方是婴儿掉落的楼梯井一侧（照片右侧）（彩图见文后彩图附录）

以上，但是楼梯扶手栏杆却没有要求满足这个条件。这是与一般情况相矛盾的，可是在建筑基准法中却是"被允许的"。

向国土交通省建筑指导科询问，得到了"根据建筑负责人或者指定确认检察机关的判断，这是有可能的"回答。实际上，在发生坠落事故的酒店以外的建筑，靠近楼梯井一侧的楼梯扶手栏杆的高度不满

扶手部分的示意

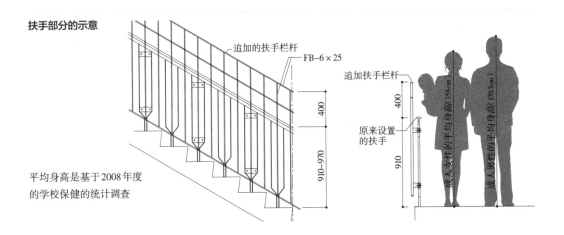

平均身高是基于2008年度的学校保健的统计调查

有识之士的观点 ┃ **楼梯井位置的扶手高度91cm是很低的**

日本大学 理工学部建筑学科 专任讲师 **八藤后猛**

站在事故现场了解了防止这次事故发生的扶手是没有达到高度。在建筑基准法中，因为没有对楼梯位置的扶手的高度作规定，虽然在法律上是没有问题的，但是事故发生之前这个楼梯部分的高度是很低的。事故发生地点的扶手高度比（踏面的前端高出91cm。90cm的话，即使正常走路一个趔趄，手里抱着的东西也会越过扶手飞出去。

而且，这次的事故是发生在母亲下楼梯的过程中。从高处向低处走的时候，由于势能关系，给步行者加上若干附加力，因此抱着的东西很容易飞出去。并且，楼梯下面的扶手与楼梯的倾斜相吻合，在下楼梯的时候，相对的是低于91cm的。

考虑到这些，发生事故后，酒店追加了130~140cm的扶手栏杆算是适当的处置。这样有140cm左右的高度的话，这次的坠落事故应该能充分的预防了。

值得注意的是如果将扶手的高度设置为110cm左右的话会怎样呢？在建筑基准法中，在屋顶广场等上面设置的防止坠落的栏杆高度要求在110cm以上。最低标准是110cm的话，这次的事故能否确实预防呢。就个人而言不能说确实能预防，但是我认为事故的发生概率会降低。 （谈）

从事故现场的楼梯井部往下看（彩图见文后彩图附录）

楼梯井部分的示意

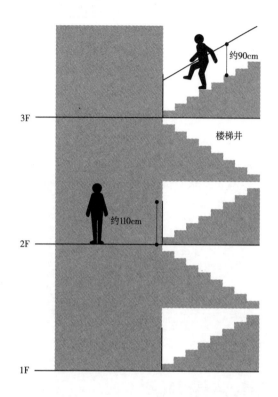

约90cm

3F

楼梯井

约110cm

2F

1F

110cm的情况也不少，为什么会是这样的情况呢？

没有楼梯扶手栏杆高度的规定

根本的原因是在建筑基准法中，没有靠近楼梯井的楼梯扶手或者是扶手栏杆的高度规定。正确的说是规定不明确。

楼梯设置扶手的规定在建筑基准法实施令第25条中，没有规定扶手高度的最低标准。无论是多高还是选择的形状，作为扶手的使用容易性来考虑基本上都设置为80～90cm。

在建筑基准法实施令第126条要求设置防止坠落的栏杆和扶手墙等，规定栏杆等高度为110cm以上。作为适用的场所，列举了"屋顶广场""二层以上的阳台"，但是没有任何关于楼梯的说明。虽然，条文中有记载的"类似的地方"，这一条是否符合"楼梯井一侧的楼梯"，主管行政厅和设计者等的判断不一。

日经建筑在过去刊登的建筑物等范围内调查得知，认为"符合"的情况好像比较多。

"扶手"的定义很暧昧

本来，建筑基准法实施令第126条是有关于避难设施的规定，作为一般结构的"扶手"的规定是没有的。在日本大学建筑学科专任讲师的八藤后猛说："但是，现状中，第25条的扶手和第126条的栏杆和扶手墙等一概而论解释为'扶手'来运用的情况很多。"他接着又说道："从防止事故的观点来看，防止跌倒的扶手和防止坠落的扶手应该考虑明确的区分开来。"

也就是说，面向楼梯井的楼梯，需要设置防止跌倒的扶手和防止坠落的扶手两个。这个时候，满足后者功能的栏杆的高度最低要达到多高呢？八藤后猛说："抱着孩子的人或抱着东西的人很正常地在楼梯上走，我自身反省的是，考虑这些人正常行为的时候，关于栏杆高度的讨论在建筑界是疏忽了的。"

防止跌倒和防止坠落的"两个扶手"

楼梯扶手设置的规定是2000年实行的修正基准法。是为对应老龄化社会这样的背景下，从国家层面来判断有必要在楼梯设置

防止坠落的扶手。

一方面，基于建筑基准法实施令第126条设置的栏杆和扶手墙等是在2000年以前就存在的规

定，从法的体系上是作为避难设施的一部分，承担了防止坠落的作用。

建筑基准法的"扶手"、"扶手栏杆"涉及的项目

建筑基准法实施令第23条3	楼梯以及其平台和楼梯的升降为了安全进行的设备，它们的高度设定在50cm以下的场合适用于第一项（以下该项是指"扶手"）的楼梯和其平台的宽度，作为扶手的宽度10cm的限制，按没有计算。
建筑基准法实施令第25条	1 必须设置楼梯的扶手。 2 在楼梯和其平台两侧（除去设置扶手一侧）必须设置侧壁或可替代物。 3 超过台阶宽度3m的场合下，必须在中间设置扶手。但是，踏步高在15cm以下时，并且，踏面在30cm以上的时候，不受该限制。 4 前面3项不适用于高度1m以下的楼梯。
建筑基准法实施令第126条	屋顶广场并且有二层以上的有阳台那类东西的周围，必须设置满足安全需要的高度在1.1m以上的扶手墙和栅栏以及金属网。

竹中工务店采用的实施令第126条

面向楼梯井的楼梯

一般室内楼梯

（资料：竹中工务店）

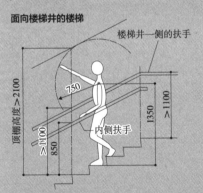

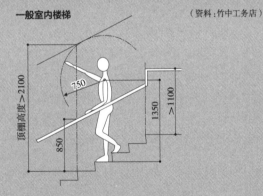

关于建筑基准法实施令第126条要求设置高度在110cm以上的栏杆和扶手墙等，有"类似的地方"里，"面向楼梯井的楼梯"是否符合要求向日建设计和竹中工务店咨询过。

日建设计回答是"要根据事例进行判断"，竹中工务店的回答是"符合要求"。

竹中工务店现如今正在改正标准详图里"面向楼梯井的楼梯"有明确的记载，楼梯井一

侧的扶手高度在110cm以上（集合住宅等在120cm以上）。东京总店的设计部做出了说明："公司内部解释对于'面向楼梯井的楼梯'，为了不引起差异而明确过。"

危险的设计

窗户

门

楼梯·高差
地面·通道
屋顶·顶棚
墙

内装

电梯

设计评论

078

[事例] 大分县海洋文化中心

在大厅客人从4m高处坠落

收纳了可移动座位的三层通顶的多功能大厅中，
两名住宿客人从4m高处坠落。
一个人骨折，一个人陷入意识不清的重伤。
忘记锁入口门与事故有密切的关系。

坠落

2006年8月13日上午8点50分左右，在位于大分县佐伯市浦江的"大分县海洋文化中心"的多功能大厅里，男性（43岁）和小学一年级的男孩（6岁）坠落在4m以下的地面上，受了重伤。小学一年级的男孩头部一时受到强烈撞击，陷入了意识不清的重伤。

三层的通顶大厅，有一个移动的席位是能收到墙壁内的装置，座位的最上面一层是与二层的入口相通的，就是从这个入口掉落到收纳座位的大厅里的，受伤的两个人是在中心的住宿客人。

据建筑物所在地的大分县有关部门的说明，在二楼的食堂吃完早餐的两个人在馆内散步，通过通道走出了位于二层大厅的休息台，想要打开二层入口的门进入大厅的时候，由于大厅内部很黑，没有意识到可移动座位被收起来而跌落了进去。入口门前没有任何注意坠落的栏杆等唤起人注意的东西。

"事故当时，不知道大厅内部黑的程度。有的人认为是漆黑一片的，也有人说有诱导灯的光稍微有点黑"（县农林水产部渔业管理课）。

可移动座位在收起来的时候，有规定要锁上大厅二层的入口门，但是事故当天忘记上锁了。

建筑物的运营管理，从4月开始由民间公司的三铁作为指定管理者来担当，但是，没有制作关于大厅门上锁的安全手册，上锁等规定没有传达给职员。

县里为了防止事故的再次发生，决定在大厅二层的通道一侧的入口4个位置，都变更为自动上锁式，门一关上就会自动上锁从而不能进入大厅。

建筑物是由菊竹清训建筑设计事务所担当设计，于1992年完成的，是地下一层和地上四层的建筑，总建筑面积约为19000m²。

平面概要图

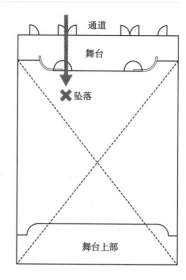

大厅·二层水平

地面・通道

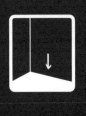

[事例] 高岛平南天堂

湿滑的石材铺装

铺有花岗石的入口，
被雨淋湿就不断有人跌倒。
给建筑物高端感的地砖，
但也存在随着时间的流逝就变得容易滑倒的课题。

跌倒

　　"我也滑倒了哦"，内田亨在从自己经营的"高岛平南天堂"书店的入口容易滑倒开始说起。这个入口铺装的是花岗石，一旦下雨被打湿，出入大厦的人就不断有人失去平衡滑倒，甚至摔到屁股出血。每次看到这种情况，内田就很恼火，因为进入书店里的大厦老板是内田。

　　滑倒的人以小中高学生居多，来书店的客人也指出说"好滑啊"，而且会回过头说

"没有发生大的事故真是运气好啊"。

　　大厦一层的地面和人行道之间的入口有缓缓的斜坡，设计是由颜色和表面加工不同的三种花岗石组成的格子花纹，最初就做过平滑处理的位置是最容易滑倒的，其他的地方同时也渐渐地变滑。

　　大厦建成17年后，内田考虑到"谁跌倒受伤那就晚了"而进行了的处理办法，就是在平滑处理的地方（左页下面的照片）贴上防

"高岛平南天堂"书店入口，有缓缓的斜坡

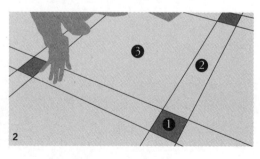

2

1，2 入口地面的特写。小块正方形的部分 ❶ 和长方形的部分 ❷ 铺装都是平滑的，表面一湿就容易打滑。大块正方形的部分 ❸ 铺装面粗糙，不容易打滑

滑条，也贴上［很滑，请注意］的纸条，但是这不是根本的解决办法。途中，也跟大厦的设计者和施工公司做了关于防滑讨论，但没有找到解决的方法。

所以，自己在网上找到了某种防滑的方法，这就是宫田建设（琦玉县蕨市）亲手做的防滑改建方法。就是将特殊的防滑剂涂在地砖上，使内部形成超细微的小孔，潮湿的时候利用水表面的张力就变得不容易滑倒了。

内田说："在小范围试验施工以确认其性能的时候，非常吃惊的是，地面变得特别不容易滑倒。而且，不仅是在入口，在室内的通道也采用了这种方法，施工后再也没有见到有人滑倒了"。防滑程度的维持大约1个

月一回左右，需要通过机械做地面清扫。

内田说道："平滑的花岗石，具有能够提高建筑物高端感的优点，但是时间长了就会变得容易滑倒，作为设计者应该提前告知这个缺点。"

3 步道一侧的路缘石也涂上了防滑剂。包括其他的施工场地在内，没看到有什么变化（彩图见文后彩图附录）

| 有识之士的观点 | **常年的风化和脏污变得易滑**

宫田建设 专务 **市川琢也**

大约从6年前开始，就使用防滑改造溶剂"saugnapf"，主要是用于瓷砖和石材铺装的地面防滑工程。最近使用较多是因为，入口位置的坡道，地面的材质基本上都是瓷砖，因为"被雨等打湿后，就变得非常容易滑倒"而

困扰了很多人。可能完成的时候采用的是不容易滑的瓷砖，但是随着长期使用而脏污和常年的风化就变成了容易打滑的状况了。

我自己非常吃惊的是，即使是非常缓的坡道也会发生跌倒事故。因为太缓的话，不容易意识

到是坡道，就比较大意了吧。

坡道设置在会吸引人目光的地方或人停留的地方是很危险的。例如，在外面的入口，想要叫车或出租车而站在停留的位置，如果设置坡道的话，雨天时人就容易滑倒。　　（谈）

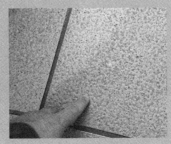

大约建成15年的公寓防滑工程事例。左侧的坡道，因为下雨等一些原因，表面被淋湿容易打滑，为此涂上防滑改造溶剂"saugnapf"使之变得不容易打滑，虽然对表面约7μm的超细微的小孔凹坑进行处理，但看砖的表面（右侧的照片）超细微的小孔的情况是完全看不到的。（彩图见文后彩图附录）

[审判案例]　**涉谷赛马场**

由抛光处理的路缘石引发的官司

跌倒

在场外赛马售票处区域内因路缘石而跌倒的男性，
向作为设施管理者的日本中央赛马会提起诉讼要求赔偿。
东京地方法院在2006年认可男性的诉讼做了判决。

在位于东京涩谷的场外赛马售票处"涉谷赛马场"区域内，因为路缘石而跌倒的男性以"抛光的花岗石被打湿就容易滑倒，太危险了为理由"，向日本中央赛马会（JRA）提出了要求赔偿损失的诉讼。

有问题的路缘石，是位于公共道路的人行道边的宽约10cm的花岗石，路缘石与人行道的坡度一致也是有缓缓倾斜。根据审判的资料显示，男性摔倒的那天，从早上开始就下雨，路缘石是处于潮湿的状态，想要进入区域内的男性脚刚踩到路缘石上就滑倒了，腰椎和左膝关节扭伤。事故发生后，JRA在路缘石的表面贴了防滑的胶条。

在审判中成为争议的地方是，抛光的花岗石是否属于危险设计。男性认为"抛光过的花岗石即使是平时也是很容易滑倒的"，再加上"坡面水滴等附着的情况下，非常危险，很容易滑倒"。与此对应的JRA认为，滑倒位置的花岗石"不是特别或特殊的材料，而是大厦的到处都可以看到的材料"，并且反驳说自从1986年重新装修以来直到这次的事故约18年间，都没有发生过跌倒事故。

2006年在东京地方法院的判决中，路缘石的表面光滑的都能反射光，所以认为"很难无视铺设包含着使步行者脚下打滑跌倒的可能性的状况"，要求JRA赔偿约260万日元。对此判决不服的JRA提起了上诉，但之后，向男性支付了和解金而结束了审判。

防滑对策的胶带

约10cm

1 致男性跌倒的路缘石是步道边右侧缓缓斜面；**2** 防滑对策的胶带是在JRA跌倒事故后贴的

带有液体状态的防滑值很重要

东北工业大学 建筑学科 教授 **小野英哲**

由于路滑和高差引起的事故越来越多，我参加的日本建筑学会内外装工程运营委员会地面工程WG于2004年对《地面的性能评价方法概要集》做了总结。考虑到在将来这是可作为防止跌倒设计的指导方针来发展其可能性的资料。

这个概要集中了防滑值的最适合数值和微小高差等，使用图表等来表示容易理解。

例如，防滑值（CSR）的最适合数值如下图表总结所示。坡道的情况下，根据倾斜面，提示了防滑值比例增加的方法。

设计者通过参考这些评价方法，使用的地面材料的防滑值特殊的带有液体状态下的数值，从地面材料厂家等拿到后需要确认其安全性。

因为重视独特性和清扫性，无论如何都想要使用光滑的地面材料的话，必须指示建筑管理者使用的时候绝对不要弄湿地面。

《地面的性能评价方法概要集》表示的滑到的评价指标示例

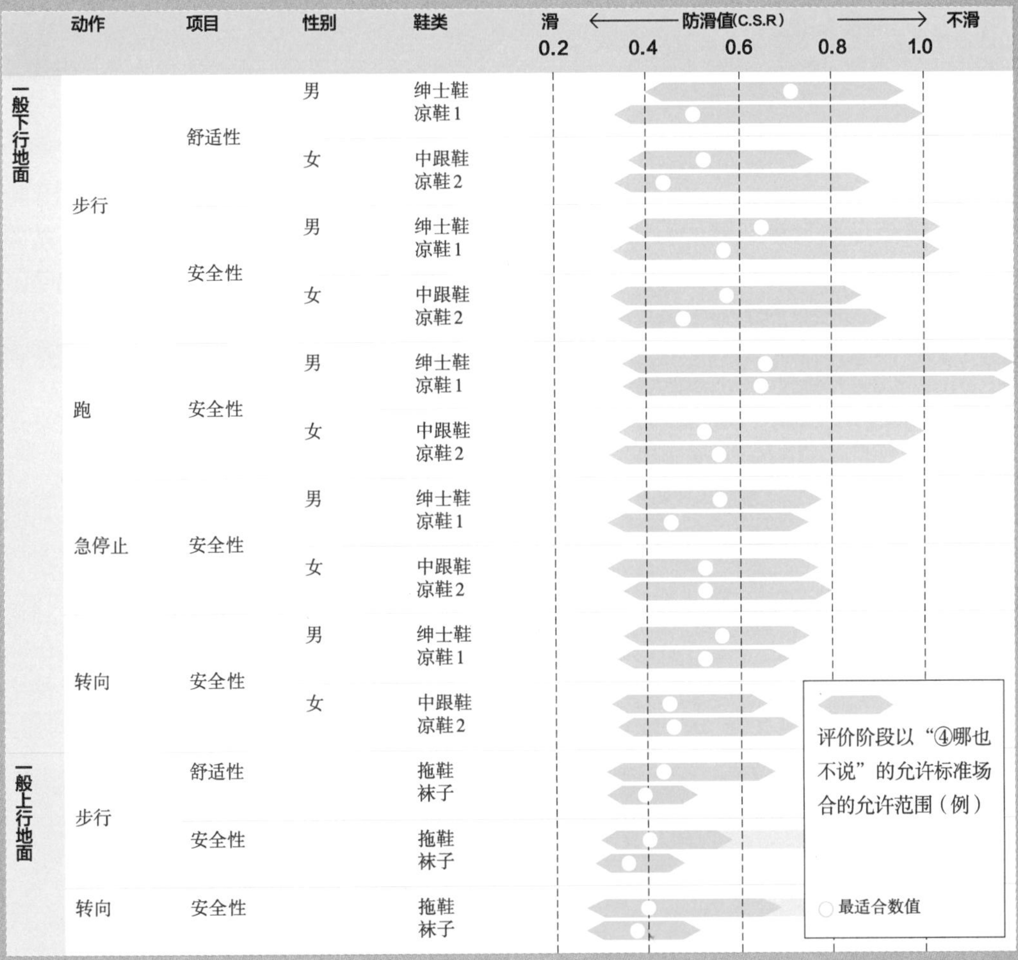

动作	项目	性别	鞋类	滑 0.2 ← 防滑值(C.S.R) → 不滑 1.0
一般下行地面 步行	舒适性	男	绅士鞋 凉鞋1	
		女	中跟鞋 凉鞋2	
	安全性	男	绅士鞋 凉鞋1	
		女	中跟鞋 凉鞋2	
跑	安全性	男	绅士鞋 凉鞋1	
		女	中跟鞋 凉鞋2	
急停止	安全性	男	绅士鞋 凉鞋1	
		女	中跟鞋 凉鞋2	
转向	安全性	男	绅士鞋 凉鞋1	
		女	中跟鞋 凉鞋2	
一般上行地面 步行	舒适性		拖鞋 袜子	
	安全性		拖鞋 袜子	
转向	安全性		拖鞋 袜子	

评价阶段以"④哪也不说"的允许标准场合的允许范围（例）

○ 最适合数值

资料：日本建筑学会材料施工委员会内外装工程运营委员会地面工程WG

[事例]　**明石市的人行天桥**

道路幅宽的"富余"成为祸根

跌倒

烟花大会的观光客在十分拥挤的人行天桥上，
2001年7月发生了人压人的事故，11人死亡。
分析事故得知，人行桥上设置宽度的富余，
是导致恶果的一面浮现出来。

发生事故的人行天桥。根据大阪大学的冈田光正名誉教授推测说，事故发生时，约有5000人在这桥上。南端是展望空间，可以看见大藏海岸和明石海峡大桥等。烟花大会的时候，是绝好的观看地点（彩图见文后彩图附录）

遭遇事故的人行天桥

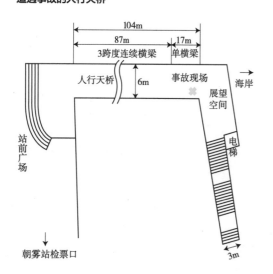

2001年7月21日下午8点40分左右，兵库县明石市的JR朝雾站与大藏海岸连接的人行天桥上，发生了烟花大会的观光客人压人的事故。11人死亡，185人受伤。死亡的11个人中孩子有9人，剩下的两个人是老年人。

事故发生在人行天桥的烟花会场一侧靠近南端的位置。大量的观光客在走向烟花会场的途中，而早早结束观光想要返回车站的人们就开始出来了。两方相遇，在活动受限的这个地方发生了事故。

楼梯宽度是通道的一半

人行桥的宽度为6m。但是，走下会场的海岸一侧的台阶宽度只有3m。大阪大学的冈田光正名誉教授（建筑人体工程学）说："不能理解为什么是这样的设计，对于在车站这样混乱的地方，台阶的设计预想，首先就没有考虑。"

针对专家的质疑，明石市反驳说"不是台阶窄，而是人行道太宽了"（土木部道路科）。这个人行天桥预想每小时最多通过7200人，道路宽度3m就足够了。考虑到轮椅的通行和眺望明石海峡大桥的人们，又多设置了3m的宽度成为6m。

设计上比必要的道路宽度窄了的话姑且不谈，宽了应该没有任何问题的。

通行的人数不多的话，确实这个道理是正确的。但是超过了规划人数的人群一下子聚集过来，状况就完全不同了。

根据在电脑上模拟人群聚集动向的早稻田大学的渡边仁史教授（建筑规划）的研究，部分加宽的话，人的流动反而会受阻。就像是瓶子的口，形成了出口部分变细了的"瓶颈"，这就是混乱的原因。例如，将阶梯间平台加宽的话，就会发生瓶颈，通过模拟就能得知会引起人的滞留。

虽然这么说，但是发生事故的人行天桥不能说是设计错误吧。冈田名誉教授也说："远远超过了预想的人数是问题点。"

—

"在这种条件下举办烟花大会是不合理的"

—

可以安全通行的通道和台阶的人数是每米每秒1.5人。例如，像明石市公布的4万人利用这个人行天桥的话，全员往返通过宽3m的阶梯需要5个小时。冈田名誉教授指出"人行天桥的通道宽度绝对是不够的，在这种条件下举办烟花大会本身就是错误的"。

神户大学都市安全研究中心的室崎益辉教授（城市防灾）举出了相关人员缺乏安全意识的这个问题点。室崎教授警告道："烟花大会的主办方只注意到将人聚集起来，却忽视了安全对策。有必要做好定员人数的管理使人数不要超过规划的人数。"

作为具体的对策，可以考虑人行天桥的单向通行。也有一个方法是在中间拉上绳子，将双向的通行分离开。渡边研究室的研究中也得知通过分离可以防止人群滞留。

渡边教授说了这样的话："首先，正确计算出参加人数，对包括周边城市在内的人群流动的预测也是很重要的。在此基础上，应该考虑预先诱导人群单向通行"。

| 验证 | 超过400kg的压力使栏杆弯曲

大阪大学的冈田名誉教授预测事故现场附近当时每平方米大约有11个人。因为电车拥挤时，门附近约有10人/m²，所以考虑到当时是超过了这个人数。

由于超出想象的人数，事故现场附近的栏杆弯曲，扶手歪了很多。倒下的栏杆平均每米是按照可以抵抗400kg而设计的，所以事故发生时的压力是超过了400kg的。

另外，人行天桥一般的设计荷载是每平方米500kg。事故当时海岸一侧的单横梁附近超过了500kg的载重，结构部分可以推测有些地方是处于很危险的状态。

外侧歪曲的扶手是轮椅专用的，位置高度是70cm。死亡的儿童里面不少于5人倒在墙和扶手之间，能看出有强烈的压力压在墙上（彩图见文后彩图附录）

[事例] 试映室CATS难波店

单间录像店出现的问题

2008年10月位于大阪市内的商住楼里的
单间录像店里发生了火灾。
16个人死亡。因为火灾，
单间型店铺里存在的防火对策的问题也重新浮现了出来。

火灾

发生火灾的桧大楼

因年轻人喜欢买东西而热闹起来的大阪市内的商业设施"难波公园"，从这里往西100m左右，建成35年的商住大楼的一楼发生了火灾，16人死亡。

2008年10月1日凌晨，单间录像店"试映室CATS难波店"被大火包围。原因是一位男客人放火，254㎡的店内有37㎡被烧毁，大部分的被害者是在起火点还靠里侧死亡的，死因是一氧化碳中毒。

在事故后的调查中，没有认为消防设备的设置违反消防法。但是并没有定期适当的实施检查。并且住在六楼的男性防火管理者，由于错误的行为和判断而切断了紧急铃。在这栋大楼中，错误的行为好像频繁发生。

法令上有两个方向的避难不是必要的

姑且不论能不能发出火灾发生的警报，能够使利用的客人顺利避难么？

试映空间的入口只有一个，单间通道的两侧摆得满满的，内部是死胡同。只要看一下店铺的构造，就能发现好像是存在不能确保多条甚至是宽裕的避难通道这一问题。但是，法令上可以解释为没有这个必要。

店内的通道两侧分布着单间的死胡同（彩图见文后彩图附录）

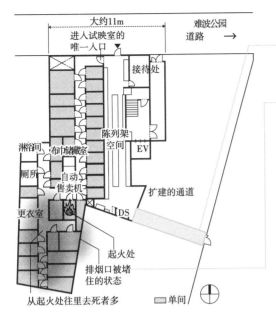

建筑基准法中关于避难层，只规定了楼梯和房间到各自通往室外出口的步行距离。

"试映室CATS难波店"中，从最远的单间包厢到出口步行距离设置为60m以下是有必要的。就这一点来讲没有违反法令。对走廊宽度的规定中，如果作为居室的单间部分的合计面积不满200m²，是在法令规定范围之外的。

—

没有把握用途变换后的实际状态

—

发生火灾的大楼，是七层建筑的RC结构（钢混结构）。确认申报时的主要用途是"事务所和共同住宅"。火灾发生后大阪市建筑指导部门首先注意到的一点是，从事务所到单间录像店的用途变更的改装工程中排烟口被堵住了。在之后的调查中，确认得知排烟墙以及紧急时期用的照明装置没有规划，

判断其违反了建筑基准法。对店铺的责任人和改装工程的施工者做了指示。

该市建筑指导部门没有把握存在用途变更这一事项，他们认为单间录像店不属于特殊建筑。除了类似用途间的变更，建筑基准法6条1项1号的变更特殊建筑时，是需要确认申请的。在该法令中，没有明确标记单间录像店是属于特殊建筑，仅仅读法令条文的话，可以解释为是不需要确认申请的。

—

单间录像店是不是游戏场所

—

单间录像店的处理交给了行政厅。川崎市建筑情报科主任嵯峨野雅彦说："对于不特定的多数人进出，从法的宗旨考虑，应该是定位为特殊建筑的。"并且，在判断单间录像店"不是住宿设施"的基础上，提示了两个解释的例子。

首先认为是"贩卖东西的店铺"的事例。必须要在超过10m²的面积里可经营物品贩卖行业。例如，有贩卖二手DVD等的空间等。然后是作为"游戏场所"的解释的例子。"卡拉OK厅作为游戏场所是适合的。考虑到昏暗、狭窄这些特征等的话，单间录像店是与卡拉OK厅相类似的。所

以，单间录像店也是游戏的场所"（嵯峨野）。但是，以这个理由来强行促使申请的话很困难也是实情。

不得不中止这个议论的是，在列举了特殊建筑用途的建筑基准法附表第1条中，有与社会的实际形态脱离的部分。嵯峨野指出"与附表第2条的用途限制的规定相比较也是脱节的"。国土交通省认为"希望婉转解释"，现在没有修改法令的必要。

从技术方面减少被害的对策

为了减少在杂居大楼多次发生的火灾危害，法令修改之前，对防灾意识低下的建筑所有者和经营者的启蒙、加强违法改正是当务之急。根据国土交通省在2008年11月25日发表的紧急检查结果显示，全国约有800家单间录像店违反了建筑基准法令，违反率超过了60%。

技术方面的研究也需要重视。自动火灾报警设备是其中一个例子。例如，面向卡拉OK店铺研发的HOCHIKI在发生火灾时音乐停止，单间中设置的扬声器通知客人的系统正在实用化。除了声音和光以外，也有研发利用"刺激臭"火灾通知系统的企业。

研究建筑防灾的早稻田大学理工学术院的长谷见雄二教授，着眼于单间的隔墙。

跟不上时代的建筑基准法的别表第1（i）栏里单间录像店适用

	(i)
1	剧场、电影院、演艺厅、观览大厅、礼堂、集会场所其他的类似地方是获得政令认定的场所
2	医院、诊所（限于有患者收容设施的）、宾馆、旅馆、旅店、共同住宅、寄宿学校其他的类似地方是获得政令认定的场所
3	学校、体育馆其他的类似地方是获得政令认定的场所
4	百货商店、超市、展览厅、酒馆、咖啡店、夜总会、酒吧、舞厅、游戏厅其他的类似地方是获得政令认定的场所
5	仓库其他的类似地方是获得政令认定的场所
6	机动车车库、机动车修理厂其他的类似地方是获得政令认定的场所

建筑基准法实施令115条3项3号 公共浴室、等候厅、饭店、饮食店和经营商品销售的店铺（地面面积10m²以内的除外）

单间录像店的建筑基准法违反率突出

业种	单间录像店	卡拉OK包房	漫画茶座·网吧	电话俱乐部	总店铺数
调查的店铺数	795	5686	1945	148	8574
紧急时照明装置（实施令126条的4、5）	443	1148	489	76	2156
排烟设备（实施令126条的2、3）	309	884	534	52	1779
防火分区（实施令112条）	137	348	165	17	667
内装限制（法35条的2）	76	146	70	12	304
紧急用进入口（实施令126条的6、7）	54	103	87	13	248
紧急疏散楼梯（实施令120条、121条）	33	126	66	5	230
走廊的宽度（实施令119条）	48	98	34	3	183
违反率	64%	30%	42%	56%	36%

（注）基于国土交通省2008年11月25日发表的紧急检查的结果，由日经建筑制成。国土交通省对单间录像店发生火灾一事委托全国的特定行政厅对同种设施进行了调查

"比起国务大臣认定的耐火20分钟左右的墙体轻便的制品更应该被普及"。

设计者和施工者应该力求理解和遵守法令。但是只是遵守法令的话，也不一定能够确保建筑的安全。

"是否按照避难行为做出的设计"、"防灾设备的选择和设置是不是马马虎虎的"、"对订货人的防灾说明充分吗"。希望以16人死亡的惨案作为重新调整防灾规划的开端。

条例 | 大阪市"单间录像店是游戏场所"的防火对策

大阪市在2010年5月21日，提出了加强对单间型店铺的防火和安全的对策。定位是建筑基准法的特殊建筑的"游戏场所"，将用途变更时的确认申请和定期报告规定为义务化。并且修改该市的建筑基准法实施条例，新设立了技术标准。

以导致16人死亡的2008年10月的单间录像店火灾为契机，大阪市讨论了对策。除了单间录像店以外，还包括卡拉OK厅、网吧、漫画茶座、电话俱乐部等市内约330家店铺。

2008年火灾后成为课题的是单间录像店在建筑基准法的定位的模糊性。用途的判定委托给了特定行政厅，他们的解释是在当时的大阪市里，单间录像店不属于特殊建筑，所以用途变更的时候不需要确认申请。

但是，单间录像店等在现有的杂居大楼入驻的情况很多，存在不容易把握用途变更的实际状态这一问题。提出的对策就是将单间录像店等定位为建筑基准法的特殊建筑"游戏场所"，这

样，超过100m²面积的单间录像店等用途变更时，就需要确认申请了。

事故后的调查得知，店铺改造工程时排烟口被堵死了，排烟墙没有设置，除此以外，紧急时使用的照明装置也没设置。平松邦夫市长在2010年5月21日的会见中说"对策就是要在施工前确认安全性"。另外，因为定位为游戏场所，所以不仅是"规模"，在"用途"方面，也罗列了排烟设备和应急照明装置的设置、内装防火性材料的适用等这些规定。

1层也需要两个方向的避难

该市对台阶和走廊的宽度，保证两个方向避难方面，修改了条例制定标准。错综复杂的店铺结构和狭窄的走廊等，被看成是扩大灾害的一个原因。在发生火灾的单间录像店里，单间并排在通道的两侧，成为死胡同，所以在一层也出现了很多的受害者。居室的单间部

分不满200m²，是属于走廊宽度规定对象以外的。

条例的修改方案中，设立的标准是在面积超过200m²的单间录像店里，居室面积合计超过30m²的情况下，两侧是居室的走廊的宽度为120cm以上，其他的走廊宽度为90cm以上。这是参考了大阪府对酒店和旅店的条例。另外，即使在一层也必须要设置两个以上的室外出口。出口禁止采用内开门。在修改条例中，关于设置两个以上的直通台阶的原则也做了规定。

该市为了确保防火和安全对策的实效性，包括现有店铺将定期报告义务化。面积超过200m²的单间录像店等都是实施对象。建筑的所有者们按照对建筑每三年一次，对建筑设备每年一次的频度，承担报告是否符合标准的义务。

修改的条例于2010年5月31日公布，同年9月1日开始实施。同样在神户市，以单间集合型店铺为对象的条例于2010年7月1日开始实施。

[事例]

明星56大厦

火灾

避难通道燃烧导致44人死亡

新宿歌舞伎町的大楼里，
2001年9月发生了导致44人死亡的火灾。
由于楼梯间起火阻断了避难通道，
好像因为物品导致防火门没有关闭使伤害扩大化。

2001年9月1日凌晨在新宿歌舞伎町大楼发生的火灾中，建有地下2层和地上4层的铅笔大楼从三层起火，三层16人，四层28人出现死亡。特别是四层，起火时在场的所有人全部死亡。

导致这么严重的灾害原因据推测是由于仅有的楼梯间起火阻断了避难通道，以及应该分隔楼梯间和居室的防火门没有关闭。三层楼梯平台残留了大量的燃渣，好像平时这里放置了啤酒箱和纸壳箱。还有，防火门前放置了物品，所以防火门没能关闭。

日本建筑学会防火委员会的委员长早稻田大学的长谷见雄二教授提倡："仅有的楼梯里不要放置物品，即便是小型建筑物也要彻底执行双向避难"，作为防止再次发生的对策。不同的租借人入住同一个大厦，有可能楼梯管理做不好的话，最初就要做两个楼梯。

并且长谷见教授还提倡，与实施检查的消防，管理风俗店铺营业的警察等合作，利用建筑物的同时，需要提高确保安全的实效性。

—

"法律使设计师停止思考"

—

不少设计师认为在这次火灾中"设计师应该是遵守法律的，而是使用方法不对才引起了这次的惨案"。

但是也有催促设计师做出反省的声音。"由于有法律，设计师是不是陷入了停止思考的境地"，提出问题的是在原建设省和原自治省消防厅工作，协助建筑基准法和消防法使用的高木任之。高木说："设计师首先是要考虑建筑物的安全。在这个前提条件下，必须要考虑一旦哪里失效就是最危险的。"

这个建筑物里，如在楼梯间里放置物品使逃生变得非常困难，建筑物的安全性不能保证。也就是说，如果不能在其中放置物品这个法律的前提条件失效的话，就会变成非常危险的状态。而且，想象到这个前提会失效也不是那么难的事情。但是，设计师认为遵循法律就是保证了安全，在此之前就倦怠了对可能会有的危险的处理。

并且，高木严厉地说："设计师太缺乏了解火灾的实际情况了。2000年左右，原因不明的火灾占了起火原因的四分之一。建筑基准法没有设想到放火行为。火灾的真实情况虽然改变了，但是设计师的对策还是没有变化，缺乏危机管理的意识。"

在楼梯间放置物品，有放火危险为前提的话，对策是有必要的。高木指出"有在楼梯间里安装消防喷淋，或者在另外的地方设置逃难阳台等方法"。

楼梯间没有可燃物的前提下

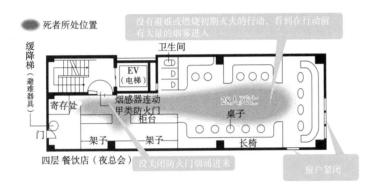

● 死者所处位置

缓降梯（避难器具）

没有避难或燃烧初期灭火的行动，看到在行动前有大量的烟雾进入

卫生间
EV（电梯）
28人死亡
桌子
寄存处
烟感器连动
甲类防火门
柜台
架子 架子
长椅
门
四层 餐饮店（夜总会）
没关闭防火门烟涌进来
窗户紧闭

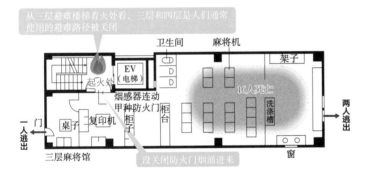

从三层避难楼梯着火处看，三层和四层是人们通常使用的避难路径被关闭

卫生间 麻将机
起火处
EV（电梯）
架子
烟感器连动
甲种防火门
柜子
柜台
16人死亡
洗涤槽
两人逃出
一人逃出 门
桌子 复印机
三层麻将馆
窗
没关闭防火门烟涌进来

发生火灾的建筑物的概要

建筑物名称：明星56大厦
用途：餐饮店铺（建筑确认阶段）
构造和层数：钢结构（S）造、地下2层和地下4层
面积：建筑面积83.07m²、总面积497.65m²
使用开始时间：1985年11月

火灾状况

发生火灾时间：2001年9月1日
发现时间：1点1分
灭掉火时间：6点44分
火灾发生地点：三层楼梯平台附近
死伤者：死者44人、负伤者3人

（资料：基于东京消防厅的资料由日经建筑制成

危险的设计

窗户

门

楼梯·高差

地面·通道

屋顶·顶棚

墙

内装

电梯

设计评论

092

[分析·对策] 杂居楼的安全

火灾

歌舞伎町楼房火灾的检验

日本电视台对歌舞伎町大楼的火灾通过实际大小的实验来做了验证。
结果判断为一氧化碳的浓度怎么也上不去。
如果有适当的逃难方法的话，
就有可能抑制伤害。

导致44人死亡的火灾发生的时候，烟和一氧化碳等有毒气体到了什么程度，室内的温度升高到了什么程度呢？这些疑问通过实物大小的实验体，进行了再现实验。

针对2001年9月1日在东京新宿歌舞伎町大楼发生的火灾，警视厅、东京消防厅、独立行政法人消防研究所等各个机关实施了实物大小的实验。其中很有意思的是，日本电视台播放网在节目中放映了用实物大小开展的实验。

日本电视台在东京三鹰的消防研究所内再现了大惨案中的明星56大厦的三层和四层，并且包括塔楼形状的楼梯间。钢骨架上加石膏板做成的建筑物里再现了火灾时的状况，考虑到了烟不能漏出去，在各石膏板的接缝处填充了腻子。

虽然只是再现了三层以上的部分，但是为了使楼梯间的烟囱效果更接近现实，所以将三层的地面抬高到了2.1m高。

与现实有很大区别的是为了能够了解建

三层麻将馆　　四层 餐饮店（夜总会）

架子　洗涤槽　游戏机　卫生间　柜台　EV（电梯）　柜子　复印机　桌子　门

窗　长椅　卫生间　架子　柜台　架子　寄存处　门

● 温度测定点

▮ 烟浓度测定点

● 一氧化碳测定点

实验概要（彩图见文后彩图附录）

实验场所＝消防研究所实验楼　构造＝轻钢龙骨构造

层数＝2层建筑　建筑面积＝87.5m²　总面积＝175m²

外部装饰材料

外墙＝彩色铁板t=0.27　屋顶＝彩钢瓦t=0.5

开洞＝铝合金窗、夹丝玻璃t=6.8

内部的装饰材料（括弧内的是指底子）

楼梯间/地面＝P砖（底层是柳安三合板）

墙＝防火墙垫层（PB12.5mm双层）

居室/地面＝地毯块500正方形（锌板＋混凝土面板12mm）

墙＝彩色硅酸板6mm（PB12.5mm双层）

筑内部的样子，建筑物一侧的墙壁设计为玻璃。燃烧的是依据火灾时烧起来的啤酒箱和泡沫塑料制的广告版、垃圾和雨伞等。

指挥实验的是日本电视台播放网报道部的服部一孝导演，根据实验的目的特地举出了以下三点，①烟是如何流入并充满三层和四层的每个房间的；②温度是上升到了多少度；③一氧化碳的浓度为多少。

2001年12月16日实施的实物大小实验中，从消防和警察的相关人员到建筑实务人员有超过100人来参观。因为是现实中的塑料类东西大量燃烧的实验，预测到会产生一氧化碳等有毒气体，所以是一场消防队员做好了随时可以开展灭火行动准备的实验。

—

再现"黑色的顶棚将要掉下来"
—

实验是从将楼梯前悬挂的泡沫塑料的广告板用打火机点火开始的，假定是三层的因为赌博而输的客人报复性放火。垂直悬挂的广告板的火势越来越大了，接着，泡沫塑料融化成为液体，带着火苗掉到了地板上，火烧到放在楼梯上的塑料啤酒瓶和垃圾上，不久就蔓延开来了。

着火开始一分钟后，楼梯间里充斥的黑烟流向了四层的店铺里。本来可以挡住烟的防火门就那样打开着，顺着顶棚流入的黑烟，碰到内侧的墙壁就无声地下行，罩在了用泡沫塑料做成的人偶头部，3分钟后，房间整体被黑烟笼罩了。

在三层，为了再现火灾当日的状况，2分钟后就打开了楼梯间的门。这是按照从三层飞奔下来寻求救助的员工证词来做的。服部导演说："也是为了确认逃出的员工说'黑色的天棚像是要掉下来似的'这一证词。"

测定数据

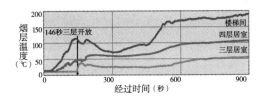

着火后到15分钟为止的每个房间的烟层温度推移。木质类的材料着火温度不到240℃。楼梯间表面烧焦达到180℃（彩图见文后彩图附录）

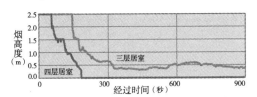

烟的下降速度。从2.5m高度的顶棚下降到1.5m附近为止，在4层是2分钟左右。楼梯间充满烟雾在防火门开放的情况下，3层是几十秒钟（彩图见文后彩图附录）

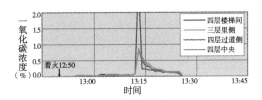

实验开始29分钟左右还没有上升。25分钟后火势一下高涨起来，温度也升高的楼梯里一氧化碳的浓度也急剧增高（彩图见文后彩图附录）

—

虽然出现了黑烟但是一氧化碳的浓度很低令人意外
—

打开门后，楼梯间里充满的黑烟无声地流入，如证词一般渐渐地落了下来。着火开始5分钟后三层也被黑烟笼罩了。"重新认识了火灾的恐怖和速度之快"（服部导演）。

重复进行试验的早稻田大学的长谷见雄二教授说："最感到意外的事情是一氧化碳的浓度怎么也高不上去。"长谷见教授作为电视节目的解说员之一参与了试验。

"如果是用木质类的材料做实验的话，出现这么多的黑烟，一氧化碳的浓度也会相当高。但是，在这次的实验中一氧化碳的浓度怎么也高不上去。了解的事实是塑料类的材料燃烧时，初期会出现黑烟，而后会完全燃烧"（长谷见教授）。

并且，长谷见教授提到火灾当时在四层的人三次拨打119报警这个事实，说道："火灾发生后，在四层马上就有人因为一氧化碳而失去意识，但是现实是，被黑烟笼罩难受的同时，没有逃难的地方而等待救援这件事在这个实验中再次得以确认。若有逃难的方法的话，受害情况会不一样吧。"

着火后超过20分钟时，火势再次加大，一氧化碳的浓度也急剧上升。在这个时候是消防队员在灭火。通过实验得知如果不能保证避难通道顺畅，建筑物也可能成为凶器。

屋顶·顶棚

[事例] 三轮北工厂

顶棚垮塌导致消防员殉职

以夹心板作为内装材料的食品公司的工厂里，
于2009年发生了火灾。
在这次的火灾中，救火时消防队员死亡。
由于这次事故，板材的设置方法等问题浮现了出来。

火灾

2009年6月1日，建在神户市东滩区的食品公司三轮的铁骨构造准耐火建筑3层仓库兼作业场所的一栋楼烧毁了。发生火灾的仓库兼作业场所是2003年为了在产品的品质管理上、设置了清洁和保持常温的清洁室，以及为了对应石棉类粉尘，在一层和三层部分区域的内装材料和隔墙采用了夹心板。

夹心板指的是用金属制薄板将隔热材料的厚板夹在其中间的建筑材料，主要是作为隔热建材从1965年左右开始使用的。作为夹心板芯材的隔热材料，以聚苯乙烯型和硬质聚氨基甲酸酯型这两种居多，但也有使用玻璃棉等无机纤维类隔热材料。

在这里使用的夹心板是在薄铁板之间夹入了硬质聚氨基甲酸酯。

冒着黑烟的燃烧中的神户仓库兼作业场所（照片：神户市）（彩图见文后彩图附录）

外侧的铁板和芯材的硬质聚氨基甲酸酯，只是利用芯材自己的黏结力来粘在一起的，并没有用螺丝等。顶棚也是夹心板的吊顶顶棚，但是为了避免出现热桥，螺栓并没有贯通上下的铁板。构造上只是将上层的铁板吊起来了，芯材和下层的铁板只是依靠硬质聚氨基甲酸酯自己的黏结力来粘在一起。

这样仓库兼作业场所的墙壁和隔断及顶棚被夹心板包围，就好比说是在工厂里是设置了一个夹心板的箱子。在这个箱子里，工作人员用烘烤机进行"小麦胚芽"的烘烤工作。烘烤机在建筑基准法上不属于使用火的，房间也不是居室，不适用于内装限制。

沿着顶棚水平蔓延燃烧扩大

发生火灾的那天，工作人员目睹了从烘焙机的上部发出"轰"的一声同时喷出火来，就逃难了。之后，参与阻止火势蔓延的救火行动的一名消防队员，被突然喷出的浓烟席卷而殉职。

2009年7月工厂火灾事故调查委员会（委员长：北后明彦是神户大学都市安全研究中心教授）发表的报告书中，对从发生火灾到消防队到达的14分钟内火灾进展情况作了如下总结。

①从烘焙机的过滤器罐中喷出的火焰使距离天棚10cm左右的夹心板处于高温状态，芯材的聚氨基甲酸酯产生了可燃性的气体。

②可燃性气体起火，芯材自己开始燃烧。

③顶棚的夹心板的下层铁板弯曲，可燃性气体和火从一端喷出。

④通过顶棚板材的接缝火势顺势燃烧到隔壁的捆包室。

消防队员正是这个时候到达的。从东侧火源的烘焙室一侧的出入口喷出了大量的黑

救火活动中的队员示意图

据推断不到一分钟，情况突变，大量的火焰喷了出来 → 从东侧墙壁开始黑烟就像面墙似的压过来了。就好像在山上正走着，突然被雾包围那样。（队员的证词）

从东侧开始一点点变成黑烟，但是，顶棚和隔板的交界的火焰是视线能够看到的状态（仓库内）

烟。但是，神户市消防局预防部门预防科的上山繁调查系长说，挨着捆包室的仓库"稍微有一点烟，但是视线很好，经过判断该状况是可以进入室内开展救火活动的"。

消防队确定了隔墙和顶棚的交界是"小火苗徐徐燃烧"的点后，直接开始了救火活动。

只是一分钟就一下子看不到了

夹心板的恐怖之处在于火势迅速的蔓延而被烧毁。救火行动开始后，从东侧开始慢慢冒出黑烟，不到一分钟，"黑烟就像墙壁似的从东侧墙壁开始压过来"，"烟的流速很快，不是朝着一定的方向的，像是卷过来似的状态"（消防队员的证词）。

平面图

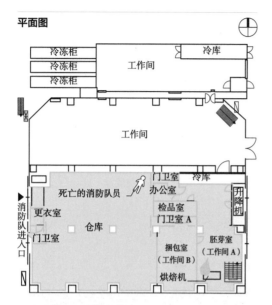

红色的墙壁是用夹心板施工的地方。在工厂里就好似是设置了一个夹心板的箱子

顶棚施工图

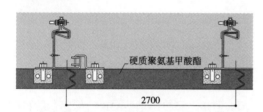

夹心板的制造阶段是在板的四角安装了专用螺栓固定件，不过，这个固定件只与上层铁板相连理由是为了避开热桥。

墙壁施工图

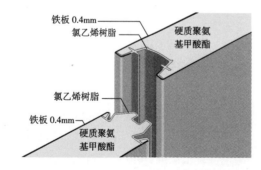

顶棚部分和墙体部分的连接部位全部用硅胶密封材料填充缝隙。这是为了设法极力避开夹心板的切割面不能用树脂处理在现场加工而采用的工法

这个时候，一下子什么都看不到了，应该一起退避的消防队员也不能确认了。行踪不明的消防队员在9个小时后，被发现在与出口反方向的隔墙附近，当时是带着空气呼吸器的状态。

事故后的火灾现场，就好像是地狱画面那样。吊顶顶棚的支撑金属还留在顶棚上，夹心板的铁板有的掉了下来，有的还悬挂在上面，芯材的隔热材料已经烧光没有了。墙壁的夹心板的铁板也是像是香蕉皮似的打着卷，在地上烧变形的铁板使人都没有立足之地。

报告书对殉职的队员退避到出口反方向的原因做了如下推测。

①黑乎乎的浓烟和热气使人一下子看不见了，失去了方向感。

②浓烟、热气在退避的队员背后（西侧）迫使队员向相反方向退避。

③顶棚材料的铁板掉落，阻断了西侧方向的退路。

④顶棚材料的铁板直接砸在身体上，发生了判断错误。

在建筑基准法中，从人身安全、防止起火的观点来看，内部装修限制在使用火的房间、特殊建筑物、高层、地下的居室、避难通道中是适用的。但是救火不得不在这些意外的场所进行。在这次的火灾中明确了不仅以上部分是在建筑基准法的内装限制里，而在救火活动上，也有可能发生非常危险事情的。

事故调查委员会委员长北后教授，愤慨地说："就算是没有内装限制的仓库，为什么在顶棚上要使用这样的可燃材料呢，真让人怀疑设计师的常识。"并且回顾这次的火灾，给我们的启示"即使是单体建材的性能，也是有危险性的，也不能保证房间整体安全"。

即使是防火认可材料也不能叫我们安心

这次的夹心板不是防火认可材料，是难燃度也很低的材料。如果说以此为限制用于内部装修的话，就能解决问题，好像也不是那么回事。早稻田大学理工学术院教授长谷见雄二对这个理由做了如下说明。"即使是不燃材料，对材料断片是以实验体尺寸做加热燃烧实验（锥形热量仪式不燃性试验）为基础来评价的，而对于像是铁板掉落这种现象不能进行评价"。

夹心板，也有不燃材料和不易燃材料、耐火材料等防火认定材料的商品。长谷见教授指出："就算是这些，也只是隔热材料和胶粘剂不同，隔热材料本身可能稍微不容易燃烧，但是铁板掉落下来这个结构还不是一样的么。"

不易燃材料以上认定的话，有实物大小或者在缩小尺寸的房间状态下，把握燃烧状态的ISO 9705屋角实验以及模型箱体实验，局部材料的变形可能会影响燃烧性能，但也能够大致评价。然而，不易燃材料以下的评价基本上是采用锥形热量仪来进行的。

在日本，使用了夹心板的建筑物的规模和在避难、救火活动上危险性的关系还不能充分把握。为此，材料的限制应该怎么办的讨论还是处于很难的状态。

神户市对于今后的对策考虑采取以下的措施。

①对使用作为隔热材料的硬质泡沫树脂达到一定规模以上的建筑物的表示，用条例使之义务化。

②呼吁设计师和施工人员、建筑物的使用者等相关联的团体自主公布表示符号。

神户市火灾预防条例中规定的防火对象物品的使用开始申请书中，要求明确记载使用硬质泡沫树脂来隔热的部分和样式。

墙上的夹心板像香蕉皮似的卷曲着，从顶棚掉落下来的铁板使人无处下脚（照片：神户市）（彩图见文后彩图附录）

制品放置处北侧的状况

北侧内墙　顶棚支撑吊件　三层地面　横梁

西　　　　　　　　　　　　　　　　　　　　东

顶棚吊件框架　　　夹心板的铁板

顶棚的夹心板基本上都掉下来，只剩下了顶棚支撑吊件

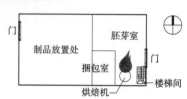

门

制品放置处　　　胚芽室

捆包室　　　门

烘焙机　　　楼梯间

报告书 扩大燃烧的结构

事故调查委员会的报告书中，对芯材中使用了硬质聚氨基甲酸酯的顶棚夹心板成为使火灾急剧蔓延的原因，提出了两个推论以及两者引发的可能性。

推论（1）顶棚内部空间爆燃

①火势蔓延到放置制品的东南侧隔墙上部的顶棚板。制品放置处由于有充足的空气，虽然有小小的火苗和白烟，但是由于起火房间氧气不足，产生了包含可燃性物质的黑烟。

②由于不完全燃烧黑烟充满顶棚内部空间之后，也漏到室内。

③顶棚内部可燃性物质浓度达到爆发极限，就发生了爆燃。

④由于爆燃，顶棚内部空间的温度急剧上升，气体压力急剧增加膨胀。因此顶棚板材变形，从缝隙中喷出黑烟。

⑤由于顶棚板材的掉落、变形产生的缝隙让空气进入，使顶棚内部不完全燃烧的区域一下子活跃起来，进而过渡为全面火灾。

推论（2）夹心板的燃烧速度急剧变化

①到达制品放置处的东南侧隔断上部的火焰，点燃了墙壁内的硬质聚氨基甲酸酯，它的燃烧使隔断外侧的铁板从上面开始卷起来，由于铁板卷起来导致空气进入，更加急剧的燃烧起来。

②制品放置处东侧的顶棚板材，由于紧挨着的东侧顶棚和下方隔墙两方向烧过来的火苗，加速了受热。

并且，制品放置处西侧的窗户（消防队的进入口）流入了新鲜的空气，一度扩大了燃烧。外部的新鲜空气从下方流入，高温的黑烟一边膨胀一边从上方降下来，火焰翻卷着急速的喷出来。制品放置处由于从东侧开始燃烧，制品放置处东侧的顶棚材料早早就由于受热变形而掉了下来。

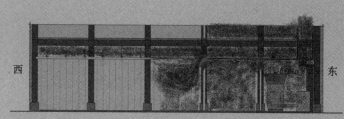

西　　　　　　　　　　　　　　东

（彩图见文后彩图附录）

身边的超市也是存在同样的情况

上山调查组长说硬质聚氨基甲酸酯等的夹心板，最近在超市的小菜料理室和便利店便当和饭团等的制造工厂、洗衣房等各种用途的建筑中被采用。

并且，将过去的火灾的原因中"焊接工程中的火花溅到隔热材料上"，或者"插座积攒了灰尘致短路起火"等事故一并考虑的话，神户工厂的火灾就不是他人的事情。

发泡树脂表示符号

这个符号是 1977 年吸取东京江都区发生新兴海陆运输仓库爆燃火灾的教训而制作。这次火灾，是乙炔熔断器的火花溅到内墙和顶棚喷涂的硬质聚氨基甲酸酯而起火的。是合计有 21 人受伤的大事故。

发泡树脂
内　装

| 有识之士的观点 |

需要纠正吊顶顶棚的施工方法

早稻田大学 理工学术院 教授 **长谷见雄二**

这次，顶棚的夹心板大量掉落，给救火活动带来了很大的危险。对于在吊顶顶棚中使用的高危的材料，希望改良施工方法使之不容易掉落下来并使之标准化。

对于此，列举了以下的方法。例如被认定为防火材料的，作为认定条件确认是否有危险的施工方法。

另外，无指定的材料，要考虑到由于没有性能评价的机会，引导业内标准或者用某种基准文书公开安全施工方法，在设计和建筑确认等的检查后可以用。

我个人认为基准文书由建筑学会防火委员会等来总结设计施工事例集也是可以的吧。

夹心板的聚氨酯等燃烧的火灾事例（也包含单面断热材）

发生国家	发生时间	场所	概要
日本	2008 年 8 月 1 日	青森市苹果中心（冷库）火灾	面积约 11000 m² 全部烧毁 工作人员两人重伤
	2009 年 3 月 1 日	神奈川县三崎市超低温鱼市场冷藏库火灾	面积约 1600 m² 烧毁
	2009 年 5 月 1 日	爱知县稻沢市低温仓库火灾	面积约 5300 m² 烧毁 死者 1 人、伤者 4 人
	2009 年 6 月 1 日	神户市仓库兼作业场所火灾	面积约 3500 m² 烧毁 死者 1 人（消防员）
	2009 年 6 月 1 日	东京都大田区大田市场冷库火灾	面积约 400 m² 烧毁
	2009 年 8 月 1 日	茨城县坂东市鸡舍火灾	面积约 5600 m² 烧毁
韩国	1993 年 4 月 1 日	论山市神经精神科医院火灾	死者 34 人、伤者 2 人
	1997 年 6 月 1 日	平和之家火灾	死者 5 人
	1999 年 10 月 1 日	仁川的啤酒屋火灾	死者 55 人、伤者 80 人
	2000 年 11 月 1 日	望远工业园地的化工厂火灾	死者 2 人、伤者 48 人
	2000 年 11 月 1 日	Kim Kyung Been 神经精神科医院火灾	死者 8 人、伤者 48 人
	2001 年 1 月 1 日	折扣店火灾	死者 52 人
	2001 年 5 月 1 日	预知学院火灾	死者 10 人、伤者 24 人
	2001 年 7 月 1 日	大邱的城西工业园地火灾	工厂 6 栋延烧
	2008 年 1 月 1 日	仁川的冷冻物流中心火灾	死者 40 人
英国	1993 年 9 月 1 日	赫里福德鸡肉加工厂火灾	死者 2 人（消防员）
新西兰	2008 年 4 月 1 日	汉密尔顿保冷仓库火灾	死者 1 人、伤者 7 人（消防员）

（资料：基于《消防与建筑》2009 年特刊，由日经建筑修改制成）

[审判案例] 静冈县立滨松北高中

学生坠落要求赔偿

从玻璃制的屋顶坠落受重伤的学生，
在状告管理设施的自治体的审判中，
东京高级法院认定由设施管理者负担赔偿责任。
被问到没有吸取过去教训的责任。

坠落

围绕爬到玻璃制屋顶上的学生坠落受伤的事故，东京高级法院于2010年10月28日下达了认定是管理设施的静冈县的责任的判决。并且支持静冈地方法院浜松支部于2010年3月15日要求被告的县里向作为事故被害者的原告支付约1965万日元的判决。驳回了被告方和县里双方的控诉。

发生事故是在2002年5月18日的上午8点左右。县立浜松北高中里，该校一年级的学生被校舍和体育馆之间的穿堂屋顶的玻璃割伤而坠落。学生的腰椎骨折等受重伤。有混凝土地面的穿堂柱架起的屋顶的高度大约为4.7m。

坠落的学生在位于校舍西侧穿堂对着的墙壁打网球。因为下雨而取消了俱乐部活动，所以在自己练习。学生这个时候将跳起的球打飞，为了找球进入了校舍二层的地理学教室。打开该教室的窗户，从那里下到屋顶上。窗户下端距离室内地面高约90cm，跟前设置了高度约为75cm，进深约为75cm的洗涤槽。

屋顶的构造是H型钢加铝材的框，里面安装了32块大小为800mm×1750mm，厚度6.8mm的玻璃。该玻璃并不是考虑到可以支撑人体重量强度的制品。

这个屋顶是校舍完工后第二年的1990年，作为穿堂的挡雨棚而设置的。没有从校舍通往屋顶的门，要上到屋顶上，只能从地理学教室或厨房的窗户等出去。屋顶的位置跟地理学教室的地面基本上是同一高度。

发生事故的穿堂玻璃屋顶
（照片：静冈县）

判断为七成的过失相抵

东京高级法院支持地方法院判决是静冈县有责任的原因之一，是基于尽管过去在该学校发生过两次类似的事故，但是防止再次发生事故的应对措施还是不充分这一点。

最初的事故是发生于1998年11月。想要看狮子座流星群的二年级学生，深夜通过体育馆通道的屋顶上到穿堂上部的屋顶上，学生误踩碎玻璃坠落地上，造成一侧手腕骨折。

第二次的事故是发生在第二年也就是1999年11月。将排球从教室打飞到穿堂的屋顶上的三年级学生，为了取回排球，在从屋顶的框上下来的时候，踩空穿堂玻璃。学生马上抓住窗框才没坠落，但是右脚受了伤。

地方法院认为在两次事故后，应该采取措施防止事故再次发生。认为应该有义务强化屋顶、张贴禁止进入的标识、让新生周知等对策。高级法院也认可这一点，并且判断学校没有履行必要的提醒注意的义务。

但是，关于过失的程度认为学生也有责任。遭遇事故的学生是高中生，已经有一定的回避危险的判断力了，所以认可地方法院判决的70%的过失相抵。

浜松北高中在2002年11月，实施了将发生事故的玻璃屋顶变更为镀铝锌钢板和聚碳酸酯板的改建工程。在地理学教室等可以进入屋顶的位置，设置了"禁止入内"的标识，以提醒人们注意。

静冈县立滨松北高中的校舍的平面概要图（资料：基于静冈县的资料，由日经建筑制成）

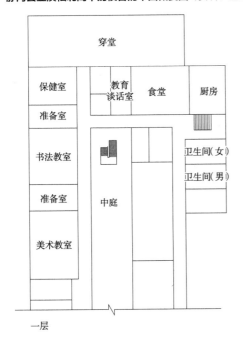

一层

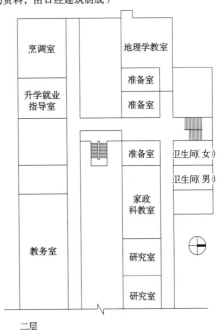

二层

[事例]　**松森体育公园**

系杆不完备致31人受伤

伴随着2005年8月在宫城县发生的地震，
位于仙台市的松森体育公园的顶棚板掉落了。
经过调查，得知没有在顶棚斜面上设置系杆（抗震）。

建材掉落

　　室内游泳池全部被掉落下来的顶棚埋上了。不锈钢制的顶棚横助弯曲，地面上散落了大量的金属零件，屋顶的骨架和吊住顶棚的螺栓也露出来了。这是2005年8月16日上午11点46分震源位于宫城县海面的地震后，仙台市泉区的复合体育设施"松森体育公园"的状况。在可以带着孩子享受盂兰盆假期的游泳池里，发生的这场事故，有31人不同程度受伤。

　　松森体育公园是钢结构、（部分为钢筋混凝土结构）建造的地上2层建筑。2005年7月1日刚刚开业，是仙台市最初的PFI*事业整顿的设施，企业主是由地方的建筑工程承包商等11家公司组成的松森PFI。设计和监理是INA新建筑研究所，施工是仙建工业和奥田建设、后藤工业、佐佐良建设、桥本、深松组、东北电工组成的JV**担当。

屋内游泳池部分的顶棚板材大约90%掉落下来（照片：时事通信社）（彩图见文后彩图附录）

---

* PFI（Pvivate Finance Initiative）即私人民间融资。——译者注

** JV指合资、联合体。——译者注

系杆的斜面材料没有（左侧的照片）。从屋顶掉下来的横木槽，根据场所方向有所不同。散乱的夹子填充打开等有损伤（照片：源荣正人）（彩图见文后彩图附录）

仙台市观测到这是震度5级地震，周边的建筑没有受到大的危害。

重视事态发展的国土交通省，在8月17日派遣了现场调查团，调查清楚了原因。在调查后的会见中，国土交通省建筑指导科的田中政幸科长助理解释说："掉落的直接原因是顶棚晃动严重撞到了墙壁。受到冲击的顶棚横肋和顶棚横肋连接的金属零件松动，由于顶棚材料的自重导致连锁垮塌。"

失去平衡的二次构件的抗震性

国土交通省关于在大规模空间的顶棚掉落对策，过去曾两次将技术性的建议转达给自治体和业界团体。那是在2001年的芸予地震和2003年的十胜冲地震时转达的，是体育馆和机场大楼的顶棚掉落事故。吊顶螺栓长的时候，螺栓之间通过系杆连接，以及使用大重量顶棚材料的时候与墙之间，要求设置充足的空间。但是并没有法律约束力。

田中科长助理说"系杆基本上是看不到的"。在同省的询问调查中，设计师和施工人员回答说"应该加入了系杆的"。但是在8月20日的记者会上，松森PFI的中野英武社长承认"在斜面方向并没有设置系杆"。

垮塌的顶棚是用一般施工手法建造的吊顶。在屋顶的主结构上设置了长

垮塌的顶棚示意图

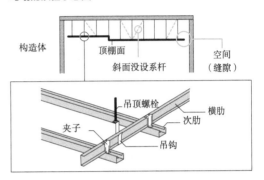

1.6～3.4m的螺栓，螺栓下面的架子上吊横肋，用夹子将次肋安装上去。顶棚板是硅酸钙板和岩棉吸声板组合的材料，每平方米约重11kg。在顶棚和周围的墙壁之间设置的空隙为50mm。

为什么顶棚会大幅度晃动呢，国土交通省在8月26日公布了调查结果，主要原因推测为斜面的系杆不完备。分析得知建筑物的水平方向固有周期为0.35秒左右，顶棚是0.18秒以上时，相对变位会生成60～70mm。如果有系杆的话，顶棚的固有周期会变为0.53秒，就可能较好地防止与墙壁发生冲突。

根据调查结果，顶棚垮塌是复合性的原因引起的。例如，顶棚是扇贝贝壳状的不规整形状，受力容易集中在顶部。顶棚横肋的配置也不是连续的，所以应力也集中。

事故当日在现场做调查的东北大学源荣正人教授说"只是顶棚坏掉了，玻璃并没有碎，堆积着游泳板的架子也没有垮塌，难道是顶棚板材的平衡性不好吗。顶棚上下方向的晃动很大，有金属零件脱落的可能性"，同时表示有受到构成顶棚打底的材料强度的影响。

主体结构和二次构件的抗震性没有保证在同一水平。"不论是否有系杆，设计上需要对包含顶棚材料的形状进行整体分析"（源荣）。

国土交通省在8月9日，对各都道府县下达了调查大规模吊顶顶棚设施状况的通知。要求所有者进行防止掉落对策的指导。

2003年12月评选实施承包人的结果

集团名称	鹿岛集团	大林组集团	杜之都建设PFI研究会集团
代表企业	鹿岛	大林组	仙建工业
构成企业	梓设计、SHINKO SPORTS、太平大厦管理	关西水上运动、京王设备管理	科乐美体育、奥田建设、后藤建设、佐佐良建设、桥本、深松组、东北电工、INA新建筑研究所、合人社规划研究所、Xecta
提出的维护金额（按现在价值换算）	约28亿5192万日元	约27亿8697万日元	约28亿951万日元
提出价格的评价（30点）	29.3	30.0	29.8
提案内容的评价（70点）经营计划（15点）设计和建设（25点）经营和维护管理（20点）综合的事项（10点）	41.5 8.5 13.5 14.5 5.0	33.0 10.0 9.5 8.5 5.0	43.0 9.0 17.5 9.0 7.5
综合评价值（100点）	70.8	63.0	72.8

（注）基于仙台市的资料制成。经营者评选委员会是由东北大学教授增田聪、东北大学助理教授小野田泰明、长泽由纪子法律事务所所长长泽由纪子、仙台大学名誉教授本多弘子、日本政策投资银行东北分店参事松井伸二组成。头衔为时任

松森体育公园的设计情报流程　　　　　　　　　　　　　　　（注）取材基于日经建筑制成

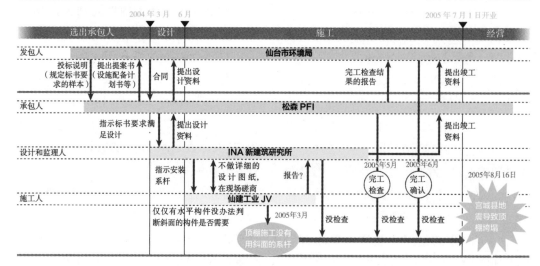

8月26日再次通知技术性指导建议。依据顶棚设计图纸制作和设计，施工也要彻底达到要求。

—

被询问的PFI设施的品质检查

—

品质管理体制不充分的实际情况也在迄今为止的事故调查中浮现了出来。松森PFI的中野社长说到"设计、监理和施工的意图沟通不充分"。仙建工业解释说"斜面方向没有安装系杆，但是在水平方向设置了"。

在市里的要求标书中，关于抗震性能要求是根据官厅设施的综合抗震规划基准来做出设计。即使非结构材料损伤了，也能够确保人的生命安全和防止二次灾害。

松森PFI等提到设计图纸是按照2001年度版的建筑工程通用样本书来制作的。施工规划也是按照2001年度版的通用样本书和建筑工程监理指导方针完成的，在施工规划书中记载了斜面材的设置。但是，施工人员对监理指导方针理解错误，判断为不需要。监理者也没有仔细确认，2005年5月实施的完工检查也不完备而漏掉了。

行政的检查也没有进行。仙台市的完工确认是在6月实施的，确认了企业的完工检查结果报告书、设计图纸和工程内容的整合性等。但是，漏掉了系杆不完备这一点。仙台市环境局的负责人说"材质等细节部分的指示难以下达，不能被民间的技术知识和技术能力所束缚"。事实上，是形成了依赖经营者的品质管理。

很多的自治团体面对税收减免和补助金减少，由PFI推进了设施整备。松森体育公园是2003年被经营者选中的。经营综合评价的一般竞争招标中，由"杜之都建设PFI研究会集团"中标。设计和建设评价的高低成为中标的决定因素。市里将单独跟经营者实施的情况进行比较，预计支出将达到约6亿9400万元的财政节约效果。

| 地震灾害 | **最大震度6弱的情况建筑物的损害也是轻微的**

2005年8月16日震源地为宫城县海面的地震中，宫城县川崎町最大震度为6级弱。在仙台市和石卷市、福岛县相马市等地观测到震度为5强。

气象局报道震源位于宫城县海上，震源深度约为42km，震级为M7.2级，是发生在地块交界处的地震。政府的地震调查委员会8月17日发表见解，认为是与30年以内的发生概率为99%的M7.5级的地震不同。

住宅损害是轻微的。消防局说截至8月22日全损坏的建筑在琦玉县只有一栋，半损坏的没有，部分损坏的在5个县里共有856栋。

日本建筑学会东北支部的灾害调查联络会的委员长、东北大学的源荣正人教授做了如下说明："地震的能量很小，防灾对策的努力奏效了"。源荣教授等人的分析是周期1~2秒的地震波的强度相对较小。

另外，宫城县在2003年连续地震以后，以住宅为对象进行了抗震诊断和抗震改造的推动工作。

在文教设施中，有墙壁出现裂缝等损害。从宫城县得知，8月24日公立学校152所、社会教育设施73所、私立学校44所发生损害。仙台市的根白石温水泳池和今泉温水泳池的顶棚材料掉落。

报告书 | 仙台市"多个不适当"和总括

仙台市设置的松森体育公园事故对策检讨委员会，在2005年10月11日公布了调查报告书。关于同年8月16日以宫城县海面为震源的地震引发的室内泳池的顶棚垮塌的原因，得出了没有设置斜向的系杆等多因素综合，导致顶棚垮塌的结论。

现场调查中确认了螺栓的倾斜

报告书中提到，检讨委员会在9月8日对顶棚上部进行调查的时候，确认得知倾斜方向没有设置系杆，根据墙壁上有次肋和横肋撞击的时候留下的39处痕迹等，认定"是顶棚产生了强烈的横向摇动撞击到了墙壁"。

另外，①多个吊顶螺栓是倾斜着设置的；②横肋和次肋没有直角相交；③横肋有不连续的部分；④顶棚高差部分的强化不足等，指出了以上多条引起抗震性能低下的要素。而且，东北大学灾害防御研究中心的源荣正人教授主张，屋顶因上下运动对顶棚垮塌产生影响的意见也提及了，并说："可以预想到建筑物构造的特殊性对上下运动产生了影响"。

对施工体制也提出了问题。检讨委员会在9月2日经营者松森PFI等的听证会上，对于在设计和施工的各个阶段、规划、检查和确认都被疏忽，没有启动检查机能问题也重新浮现了出来。

设计师没有在图纸上对顶棚底层的做法和构造予以明示，而是委托给了工程现场进行协议。也没有对基准等规定的材料耐力和顶棚的固有周期等进行讨论，施工人员只做了记载着"斜向系杆在顶棚破坏大的情况下要设置在重要位置"的施工规划书。并且没有制作顶棚底层的施工图就开始施工了。还没有按照施工规划书来施工，也没有留下确认的记录。监理人员在顶棚底层的安装结束时，指出"没有斜向系杆"，但是没有确认是否可以不设置。

调查报告书中，也提到了关于泳池顶棚的改造。针对松森PFI提案的不设置顶棚的结构改造，检讨委员会要求对屋顶和梁上产生的结露、由于含氯气的湿气而导致型钢腐蚀进行检讨。泳池部分以外的顶棚提出了以下改造措施，①用支架来强化，防止顶棚摇晃；②对顶棚进行分割，确保充足的空间；③将夹子等用螺丝固定不让其脱落，来应对上下方向的晃动。

仙台市的检讨委员会总结的顶棚施工情况（资料：仙台市）

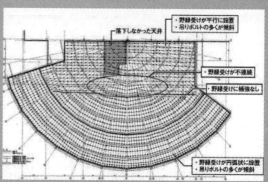

事故第二天的松森体育公园。国土交通省在8月26日公布的事故调查结果中指出，顶棚垮塌与没有安装系杆（防震构件）有关系（彩图见文后彩图附录）

没有进展而重新判断防止落下的对策

国土交通省在2006年3月31日，公布了关于大规模空间建筑物的顶棚垮塌对策的调查结果。2005年8月16日，以宫城县海面为震源发生的地震引发了"松森体育公园"（仙台市）的顶棚垮塌事故，8月19日开始要求都道府县提交调查报告。

与国土交通省指示的技术指导方针相比较，存在问题的建筑物的数量，全国共有5171件。其中完成防止垮塌对策的建筑物只有293件。

国土交通省的技术指导方针中，指示在重量大的顶棚材料的顶棚面和周围墙壁等之间设置充足的空间，并且顶棚面有高差等的情况下，为了使顶棚能够整体活动要用补强材料调整强度。另外，现有的设施中不能直接改善的话，也有必要安装挂网等采取防止掉落的措施。

但是，从"泳池和体育馆必须暂时封闭施工"（爱知县），"即使留了空隙顶棚面也必须搭脚手架，必须考虑工程费外的成本"（山口县）的事情开始，这些对策延迟了。

关于顶棚垮塌对策调查的合计结果

调查项目	全国合计
调查对象的建筑物数量	25779
调查报告里涉及的建筑物数量	22203
和技术指针比较存在问题的建筑物数量	5171
垮塌防止对策进行的建筑物数量	293
垮塌防止对策未进行的建筑物数量	4878

各省市顶棚垮塌可能的建筑物数量等的合计结果

		调查对象的建筑物数量	调查报告涉及的建筑物数量	和技术指针比较存在问题的建筑物数量			垮塌防止对策未进行的建筑物数量			
				和技术指针比较存在问题的建筑物百分比	垮塌防止对策进行的建筑物数量			垮塌防止对策预定中的建筑物数量	垮塌防止对策没有指导中的建筑物数量	垮塌防止对策预定指导的建筑物数量
1	爱知	1026	1026	490	47.8%	16	474	22	359	93
2	千叶	576	576	353	61.3%	2	351	24	325	2
2	冈山	654	561	353	62.9%	2	351	13	338	0
4	东京	5493	5179	318	6.1%	29	289	40	185	64
5	山口	465	465	243	52.3%	0	243	17	226	0
6	大阪	1052	1052	257	24.4%	41	216	6	210	0
7	兵库	1028	709	212	29.9%	31	181	20	58	103
8	宫城	3577	2838	177	6.2%	13	164	27	128	9
9	福冈	474	474	172	36.3%	18	154	5	149	0
10	北海道	548	548	145	26.5%	1	144	13	131	0
11	鸟取	281	221	141	63.8%	0	141	0	0	141
12	新潟	336	335	141	42.1%	9	132	20	90	22
13	埼玉	340	340	125	36.8%	6	119	23	84	12
14	秋田	240	240	119	49.6%	1	118	0	88	30
15	鹿儿岛	186	186	116	62.4%	0	116	0	77	39
16	熊本	316	258	125	48.4%	12	113	5	16	92
17	长野	236	220	104	47.3%	1	103	10	93	0
18	三重	265	213	107	50.2%	5	102	23	17	62
19	广岛	334	262	104	39.7%	8	96	47	29	20
20	群马	231	231	97	42.0%	4	93	46	47	0

（注）调查对象是500m²以上的具有大规模空间的体育馆、室内游泳池、剧场等的顶棚吊顶。※表示期限仅限于设定的建筑。表是基于国土交通省由日经建筑制成。"所列结果是由垮塌防止对策未进行的建筑物数量"排位前20位构成

危险的设计

开洞

门

楼梯·高差

地面·通道

屋顶·顶棚

墙

内装

电梯

设计评论

110

[事例]　**滋贺县立滑冰场**

使用方法不符合使用条件是原因之一

建材掉落

从顶棚上掉下岩棉吸声板和石膏板的事故
发生在大津市内的滑冰场。
比当初预想的使用时间长而导致的结果，
容易产生结露被看作是原因之一。

　　2006年7月27日凌晨0点20分左右，大津市内的滋贺县立滑冰场发生了从顶棚上掉下岩棉吸声板和石膏板的事故。顶棚材料掉下的范围是从入口大厅到滑冰场入口附近，没有人受伤。掉落的顶棚材料的大小纵向约1m，横向约2m，石膏板的厚度为9.5mm，吸声板为12mm。顶棚面倾斜，高度为2.4m~3m。

　　掉落的石膏板里含有水分被泡涨了，所以，看来是结露的渗入增加了重量才掉落下来。"当初的设计条件下，作为滑冰场使用的时期是11月到第二年的4月上旬。但是，夏季也开始作为滑冰场来使用，容易产生结露是成为掉落的一个原因吧"（滋贺县建筑科）。

　　该滑冰场在2004年10月，覆盖滑冰场的

石膏板掉落的顶棚。滑冰场的入口门在事故发生前发现有结露现象。作为SL集团的一员，娱乐产业的尾崎繁树顾问谈到"建议在入口部设置除湿机等处理场外结露的对策"（照片：滋贺县体育协会）

2块顶棚的隔热板，由于形成结露而变重，发生了脱落事故。隔热板的掉落事故后截止到同年的12月，县里投入693万日元撤去了在滑冰场上面的约1100块隔热板。

认为观众席上面的隔热板不可能结露而没有被撤掉，只是在下面设置了网，采取措施防止隔热板掉落时发生事故。

并且，县里在2005年7月到9月之间，在进入客席位置的通道里设置了每小时可以吸收10升水分的除湿器，防止保留了隔热板的观众席上的顶棚部分结露。县里负担了工程费用808.5万日元。因为除湿器的防结露效果是未知数，所以县里在使用的同时也在确认除湿器的运转条件和结露等的发生状况。据说没有确认滑冰场内结露等损害。

该滑冰场，从2006年4月开始由滋贺县体育协会和娱乐产业（东京都丰岛区）组成的SL集团作为指定管理者，开始设施的运营。该集团为了使滑冰场可以全年使用，提议在顶棚上张贴铝板以达到保冷和防止结露。县里认可了该集团的全年营业滑冰场。在那之前，县里夏天是将该滑冰场作为体育馆来使用的。

滋贺县建筑科认为："在滑冰圈内虽然采取了结露对策，但是入口等容易外气入侵的场所的对策不够。希望能够探讨换气等在滑冰圈外的防止结露的对应措施"。

从该滑冰场的建设到设置除湿器参与设计的单位是梓设计，该设计室的雨谷丰秋研究员说："可以列举出如在入口等处是湿空气容易进入的场所，对策是变更不吸收结露的顶棚材料"。

约两年前顶棚板也掉落了

位于大津市的"滋贺县立滑冰场"里，2004年10月11日下午5点15分左右，发生了两块覆盖顶棚的隔热板脱落的事故。事故当时，正在举办日本滑冰协会主办的近畿花样滑冰选手大会，由于是在表演的休息时间，滑冰场上没有选手，所以没有人受伤。掉落的隔热板，由于吸收了水分变重，县里推测原因是顶棚附近的结露。

县立滑冰场是部分型的钢筋混凝土建造的地上2层建筑。2000年4月完工，同年11月开业。具备国际规格的滑冰场可以容纳约2400人的观众。设计单位是梓设计，施工是世川组和内田组（同大津市）JV（联合体）担当。

从县里建筑科得知，从高度约10m的顶棚掉落了两块隔热板，一块掉在滑冰场的中央位置，另一块挂在顶棚下的电线上。掉落的隔热板是玻璃棉板，表面粘贴了玻璃墙纸，大小约为纵向90cm，横向207cm，厚约2cm，一般的重量约为5kg。含水分的玻璃棉的染色料都渗透了，玻璃墙纸的表面一些地方发黄。滑冰场顶棚上的约1600块隔热板，在滑冰场正上方的顶棚中心附近，板的接缝处也有同样的大面积变色。

滑冰场的概要图

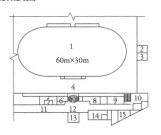

1: 场地（滑冰场）｜2, 3: 风机室｜4: 场地入口｜5, 9: 卫生间｜6: 仓库｜7: 事故现场｜8: 租借鞋处｜10: 休息处｜11: 大厅｜12: 入口大厅｜13: 入口｜14: 办公室｜15: 更衣室

[事例] 广小路1丁目商店街

建材掉落

粪便和雨水落到顶棚上

JR丰桥站附近的商店街里，在2010年10月发生了
人行道路上面安装的屋顶顶棚掉落的事故。
顶棚材料的铝板上堆积的鸽子粪便和雨水是导致荷重增加的
一个原因。

2010年10月9日下午6点50分左右，位于爱知县丰桥市广小路的商店街里，人行道路上面安装的屋顶的一部分掉落下来。通行的人被压在下面，导致4人受了轻伤。屋顶上设置的铝制顶棚板材，从高约3.5m、横跨宽约3m、长约20m的位置掉落下来。

屋顶上面是折形钢板并排的结构，两者之间设置了排烟用的缝隙。缝隙里贴了树脂制的网。从这个屋顶上面吊下来的铝板作为顶棚，屋顶面和顶棚板之间有一个空洞。

事故当时，铝板上面堆积了厚约30cm的鸽子粪和灰尘等。事故后的现场乍一看是沾满土的状态。

丰桥市在许可更新时要督促注意

丰桥市里认为鸽子是从屋顶上面设置的空隙进入的。铝板的上面被确认有鸽子巢的踪迹，因为是金属制的顶棚，内部的识别性差，从下面不能确认有鸟粪堆积。

事故当时，现场下了很大的雨。根据气象厅的记录，9日的下午6点到7点之间平均每小时丰桥的降水量达到了51.5mm。市土木管理科推测"大雨从空隙进入渗入鸟粪里，使铝板的荷重增加。最后导致板材弯曲掉落"。

屋顶是光小路1丁目商店街振兴组合安装的。1975年取得了最初的道路占用许可，从建造起大约经过了35年。这个占用许可需要每3年更新一次，市里在更新的时候以公文形式传达了如果发生事故要追究所有者赔偿责任。

再加上，又在支撑屋顶的柱子上安装了街灯，检查街灯时发现有生锈的部分，市里在2010年6月督促该组合进行设施检查。

发生事故的市于2010年12月，在光小路1丁目到3丁目的商店街里安装的人行道上进行了屋顶检查，将连接板的螺丝都拧紧了。根据市土木管理科的情况说明，鸽子入侵内部堆积大量粪便的地方，仅限于这次发生事故的附近。

墙

[事例] 国际儿童图书馆

幼儿猛撞玻璃

从走廊透过玻璃可以看到中庭，朝中庭跑的男童
猛撞到隔离建筑内部和外部的玻璃上，头部受到重创。
没有意识到玻璃的存在，
认为是可以通过的空间是事故的原因。

碰撞

位于东京上野国际儿童图书馆的村田知则企划宣传系长回忆说"自2002年全面开业初始，就有幼儿从图书阅览室出来朝中庭跑，没有发现玻璃而碰撞的事故偶有发生"。全面开业3年后，也发生了让该馆的职员们吃惊的事故。看上去有3～4岁的男孩，从阅览室的出口附近朝着中庭这边跑过来，撞到玻璃表面上，头部受到重创。村田说："通过这个事故，确信了阅览室的出入口附近的走廊是有可能变成危险空间的。"是什么样的情况下呢？

男孩子撞到玻璃的时候是中午。这个时候，中庭一侧是明亮的，走廊一侧是比较暗的。从走廊望向庭院，看不到玻璃表面的反射，透明度格外的增加。再加上走廊和中庭铺装面的高度是一样的，所以从阅览室出来的孩子，特别是在3～4岁的孩子眼里"是可以飞奔到中庭里去的没有遮挡的空间"。

该图书馆作为应急的对策，就是沿着玻璃面贴上了纸胶条，使孩子们不要靠近玻璃表面。之后，又在玻璃面上贴上了防止碰撞

事故现场概要图

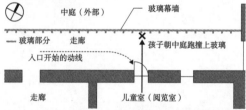

1 从书籍阅览室"儿童室"的出入口附近看见玻璃幕墙。玻璃前面是中庭；2 从入口一侧，能看见图书阅览室"儿童室"。门开处就是阅览室。国际儿童图书馆的设计者是国土交通省关东地区整备局和安藤忠雄建筑研究所以及日建设计

的标识。标识是长约20cm的垂直线水平排放几条的设计，标识的上端高度距离地面约70cm。是意识到孩子的视线位置来决定的高度。村田说："自从贴上防止冲撞的标识之后，再也没有发生受伤的事故了。"

负责发生事故的玻璃幕墙设计的日建设计设计室主管的井上泰介毫不掩饰地说："完全没有想到会发生孩子撞到玻璃的事故。"

井上之前认为由于幕墙的间隔只有很窄的90cm，大家都可以意识到在这个区间内有玻璃。因此他判断不需要贴防撞标识。

"但是，对于小孩子看起来是可以跑过去的毫无遮挡的空间，坦率地说预测孩子的行动真的是很难。"（井上）

碰撞事故后，在玻璃上贴防撞标识

有识之士的观点 | 考虑孩子视线的对策

大阪工业大学 建筑学科 教授 吉村英祐

人类具有从狭窄的地方朝着宽阔的地方、从暗的地方朝着明亮的地方是本能的行动特性。现场考察发现阅览室的出入口附近具有使人产生这种心情的空间特征。撞到玻璃的孩子，从阅览室的门附近看中庭的时候，会错认为走廊和庭院是连续的，是可以飞奔到外面去的空间。没有发现玻璃的存在是因为与走廊一侧相比中庭一侧非常明亮。照度差太大的话，即使玻璃上有污物，也不容易意识到玻璃的存在。

发生撞到玻璃的事故之后，图书馆在玻璃面上贴上了防止撞到的标识（参考右边的照片）。

让人在意的是，这个标识的设计和位置。将短的垂直线水平方向并排的设计，这样的话，与中庭的铺装接缝样式重合，不是太显眼。例如，如果将线斜贴会更加显现。

还有，标识的上端距离地面约70cm，但是这个位置太低了。3～4岁的孩子的视线在80～90cm左右，人习惯于看着视线稍上一点的位置走路，跑的时候视野变窄，应该将标识贴得再高一点。

简单的办法是使用在走廊放置的黑板（参考左页右侧照片）。这本来是标志着图书馆房间的标识，但是将黑板放在从阅览室的

出口看中庭的时候，在显眼的位置的话，孩子就不会朝着玻璃跑直线了。 （谈）

与中庭铺装样式相重合，玻璃上贴防撞标识但不明显

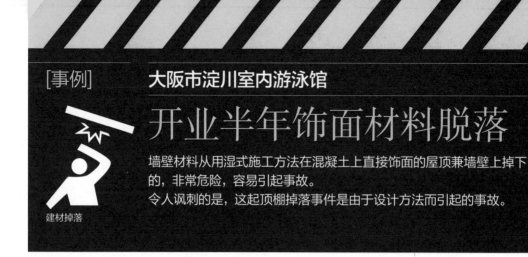

[事例] 大阪市淀川室内游泳馆

开业半年饰面材料脱落

建材掉落

墙壁材料从用湿式施工方法在混凝土上直接饰面的屋顶兼墙壁上掉下的，非常危险，容易引起事故。

令人讽刺的是，这起顶棚掉落事件是由于设计方法而引起的事故。

脱落事故是发生在2009年8月18日大阪市淀川区政府附设的"大阪市淀川室内游泳馆"里。仅仅开业半年的设施就出了事。

泳池的一层是PCa（混凝土预制板）制的顺压梁，在高13m的位置上有屋架上弦杆，其主要构造部分是外露的。屋顶兼美观的墙壁是在现场浇筑的钢筋混凝土，板厚200mm，从混凝土预制板开始留有施工缝。这个现场浇筑的RC（钢筋混凝土）主体构造部分的饰面材料从高度9m的位置掉下来，剥落面长2m、宽3m以及掉落物体的重量合计超过100kg。

市里在事故发生后马上开始对设施停业进行检查。没有死伤者，从掉落的地点前几米的地方，有儿童在里面。照片是发生事故两天后的2009年8月20日拍摄的（照片：和下一页除了特殊记载以外，由池谷和浩提供）

该墙壁饰面材料使用的是贴在钢筋上的防火石棉系列叫作"调湿性粒状岩棉"的素材。制品名称是"阪东wall"，生产厂家是阪东工业（前桥市），这是为了防湿和吸声而采用的材料。在现场的公司，是原来由竹中、高松、港南特定JV和施工材料的合同组合直接营来来承担施工。

根据大阪市从几年前开始，在其他地区的温泉游泳池等项目中，顶棚采用轻钢的底层饰面而相继发生掉落的事故来看，从基本设计阶段开始就要根据素材决定混凝土的当下的饰面装饰。

松田平田设计的设计者向大阪市提交的室内装饰材料的检讨书里对同一制品记录了"只用喷涂和油漆的方法，在浴场和温水游泳池使用的实际例子很多，没有脱落的事故"这样的判断。

从事故发生约经过半年的时间里，为听取调查结果在向大阪市提出取材的要求时，有关原因的正式公开的报告书还没有整理出来。

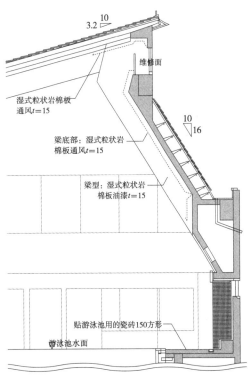

剖面图1/150

1 墙壁材料脱落部分的特写。等距间隔处涂白的痕迹存在。为控制模板的变形可看到在分离器巧合面板间打入"P点"小空的痕迹；**2** 脱落的墙壁材料喷涂部位厚度是15mm。掉下的材料全部重量有100kg以上；**3** 淀川室内游泳池喷涂工程施工的情况。在工程监理报告书中有记载（照片：大阪市）（彩图见文后彩图附录）

现象不再出现

市里过了半年还没整理出报告书最大的理由是，事故原因有不确定的地方存在。

事故发生后，市里反复多次进行了实验论证，但据说这就是不能确定的原因。负责在该游泳池发包中的，城市整备局公共建筑部担任施工科长工作的寺田恭信抱头叹气地说："在报告书没有公开前一阶段，没有说明实验的详细内容，没有得到有意义的数据，我们也很难作出说明"。

首先，最初的实验是在发生事故的游泳池那层依照原样，从实际脱落的墙面来选择健全的壁面，用"阪东wall"进行涂装。接下来，养护后做拉力强度试验，确认黏结强度。但是这次实验是在确定的范围内强度下发生的，脱落没有再现出来。

市里在这之后，委托日本建筑综合试验所（日总试）进行验证。尝试屋内实验进行剥离现象的再现。这时的推定是根据在施工条件下喷涂时的温度和湿度等是否有变化的可能性。变化了施工条件，制作了许多实验样板，但是还是找不出在考虑的条件下事故的原因。

2010年2月末的时候，在原负责项目的JV的干事公司竹中工务店的技术研究所里进行了第3次的实验。

寺田说："数值是乱糟糟的，混进的人超过设计规定量，得出了超规定以上的黏结强度。也就只是大概知道了后面有施工性能高的材料。"

不仅是喷涂材料，对于混凝土一方的原因的可能性也有，寺田说："也就是说翻沫（混凝土表面附着的低强度的不纯物）的原因没有考虑"。

平滑的铁吸附的素材为什么会从用了如此施工性能高的混凝土上脱落。寺田科长考虑的是"极为单纯的现象的确没有，或许要与复杂的因素有关联"。市里预定目标是在2010年4月整理出中期报告书。

这次事故留有不可理解的地方，涂装的部分的掉落点是其一。一般会想，使用机器进行涂装要比手工油泥抹的压力大，但不是油泥面而是涂装面掉下来了。

松田平田设计以不知道为由没有接受采访。市里面仍然没有考虑是设计和工程监理不周到等发生问题的。

负责墙壁材料的厂家阪东工业认为"没有话说"。竹中工务店也没提出任何见解。

全部剥下再涂装

就这样原因不明的进行了现场改修工程，由施工者担负该责任。改修的方法就是把壁面材料全部剥下。露出混凝土面，在上面进行喷涂装饰。游泳池在事故发生半年后的2010年2月19日，终于再次开业了。

举出墙壁材料全部剥下的判断理由是，事故发生后，没有掉落的其他喷涂部分有出现裂纹。

由于改修，游泳池里抑制噪声的材料没有了。为此，寺田露出不安的神色说："音量多大程度成为噪声，如果在设计开始阶段没有考虑就不知道了。"对于全面改修的理由，寺田如此强调说："如果在涂装材料有残留的场合下，不能保证该现场同样事故不再发生。"

大阪市在2010年6月28日公开发表了，对在淀川室内游泳池里湿式喷涂岩棉板脱落事故的调查结果。

市里通过日本建筑综合试验所大约经过9个月的进展分析，结束了没有发现特殊事故原因的调查。

该试验所对现场和室内的再现实验和工程记录的确认、进行了从施工方听取说明和材料的成分分析，从2009年9月开始直到2010年6月调查了事故原因。

再现试验是通过底层混凝土的温度和干湿，施工后养护环境等条件改变验证了喷涂岩棉的黏结强度。其结果就是，底层混凝土的温度在40℃以上的高温状态场合下，认可黏结强度显著低下

的事实。

脱水的可能性被否定

对底层混凝土含水高的场合和干燥的场合都确认了其黏结强度的显著不同。

为此，该试验所判断这次的剥离原因是干燥的底层材料吸收水分等引起的，也就是与脱水现象不同。

进一步对材料成分分析，确认了掉落部分与健全部分的试验材料的内容没有不同，喷涂岩棉板的剥离的直接原因不能确定。

基于这样的试验和调查，该研究所推测喷涂材料里面存在水分一边蒸发，移动到底层混凝土

一边将其吸收，移动到高温状态下变得活发起来时，是否由黏结强度的低下招致的原因。

从负责喷涂岩棉板的施工单位阪东工业听到这样的证言："脱落下来的陡坡壁面施工是在2008年6月12日，施工现场的气温按照工程记录的是25℃，当时现场感到有一些热"。

但是通常的施工过程和工作时对这样异常的感觉是没有的。这之外，听到由于喷涂面异常与脱落有关系这样的事实是没有得到确认的。

在施工的阶段，没有确认底层混凝土的温度等的记录，底层混凝土温度与事故原因是否有关联不能得知。

根据施工环境条件和黏结强度的关系而进行的再现试验　　　　　　（资料：基于日本建筑综合试验所的资料由日经建筑制成）

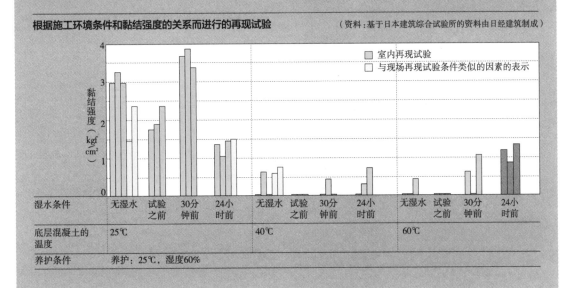

[事例]　**Granship**

建材掉落

5年间40次墙壁脱落

在矶崎新工作室设计的静冈县的综合设施，
反复发生石板瓦脱落事故。
石板瓦中的纹理和肉眼看不到的"脉"等
受到了强度的影响。

Granship的外围立着禁止入内的提示板。对静冈县石板瓦片脱落事件的关注从是2006年度开始到2008年度，担心掉下而设置的植栽的防护区域和进行防护屋顶的整备。为了彻底禁止进入植栽区内，2009年10月安装了提示板

"请不要进入植栽区内"。在JR东静冈车站前的静冈县综合设施"Granship"的周围有写着这样话的提示板，立在那里是2009年10月的事情。长11cm、宽45cm、厚2.5cm、重2.65kg的石板瓦在同年5月15日，从高18m的外墙上脱落在建筑物南侧的植栽区域内的一刹那，被来馆人员偶然目击到了。

县里在4日后，公布了在2004年6月以后过去5年间发生的掉落事故合计有40件。目前为止，虽然没有人员受伤，但还是彻底设置了绳子和指示板禁止人员进入。

Granship* 是由矶崎新工作室设计，清水建设、竹中工务店、住友建设、木内建设、平井工业JV(共同企业联合体，当时的公司名称)担任建筑工程，于1998年8月完成。

建筑物仿佛是巨大的船，在建筑低层部分作为外装饰材料而使用的是来自西班牙东北部的格里西亚地方出产的暗绿色天然石板材。矶崎新先生在1995年设计完成的西班牙拉古尼亚人类科学馆采用的就是这种石材，这是日本首次使用该石材。

Granship的石板瓦是由厚度为2.5~3cm的板石切成，表面有纹理装饰。

*即静冈县会展艺术中心。一译者注

脱落的石板瓦片的发现位置

Granship 的一层平面图，加注从 2004 年 6 月到 2009 年 10 月为止的脱落的石板瓦片的发现位置，并标注了各自的脱落时间和脱落瓦片的重量。基于静冈县的资料由日经建筑制成

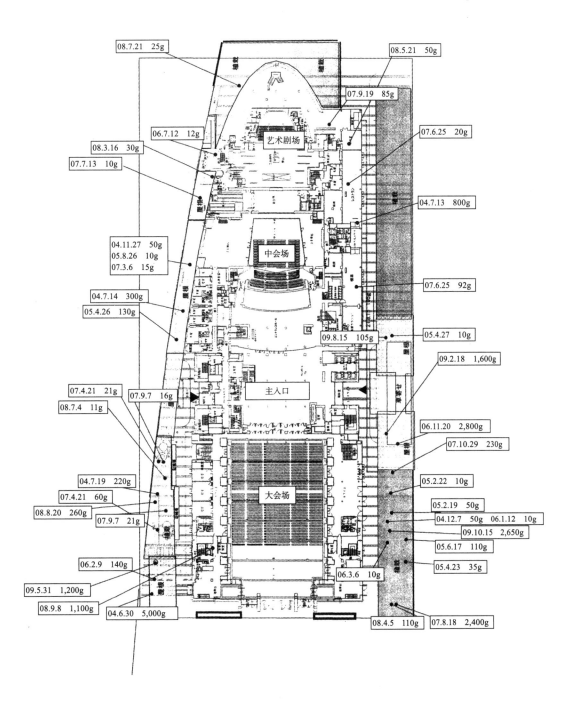

大小有45mm×60mm和45mm×39mm的2种合计53 000枚，在椭圆形平面和放射线剖面成为三次曲面的建筑主体构造表面用铁件安装。

每片石板瓦在4个点位固定。上部的2个点位用直径6mm的不锈钢螺栓贯穿，下部2个点位打入半埋入式锚栓。

—

事前调查就指出纹理的危险

—

清水建设在施工前对石板瓦进行了物理性能调查。于1996年9月，把调查结果报告给了县里。

例如，①石板瓦的弯曲强度约15N/mm²，比花岗石都强；②吸水率是0.435%，透水速度是一般的稻田石的36%~60.5%；③割裂拉力强度约是10N/mm²，在荷载方向没有不同；④抗拉强度平均0.4N/mm²。由此得出"瓷砖施工方法可参照抗拉强度"，这样的结论。其依据就是日本建筑学会的建筑工程标准规格书里，瓷砖的抗拉黏结强度在0.4N/mm²以上这点。

清水建设于10月归纳了报告书内容。施工中一部分石板瓦有破损的情况，调查与石板瓦里含的铁矿石等金属块和纹理涉及对强度的影响。

2009年10月15日，重量2.65kg的石板瓦片从高18m的外墙脱落掉在建筑物南侧的植栽区内。Granship在2004年以后，每年度发生3~11件脱落事故。石板瓦的表面或剥离，或拐角处碎片落下的例子很多。脱落的石板瓦片的重量合计将近达到20kg。没有看见施工不良或螺丝腐蚀（照片：2张都是静冈县提供）

仰视北侧的墙面。1片重13~20kg的石板瓦安装在三次曲面较陡的斜面上。石板瓦里受所含铁矿石等影响，表面的一部分看见了锈色。右侧的是PC工程塑料板制的防护屋顶

看石板瓦侧面。每片相当于在主体结构表面用不锈钢螺栓铁件固定4个点位

石板瓦的弯曲强度和破损断面的形态

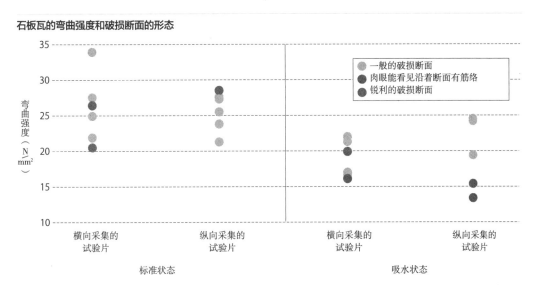

基于日本建筑综合试验所向静冈县提交的报告书由日经建筑制成。从Granship采集的石板瓦的实验结果的表示

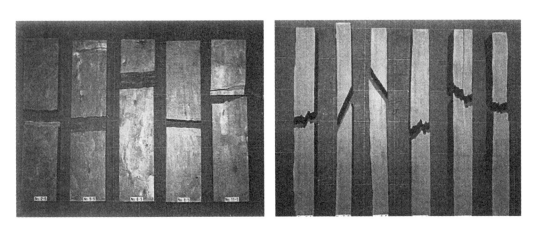

从Granship采集的石板瓦片吸入水，实施弯曲强度试验的结果。左侧照片是正面，右侧是侧面。可看见锐利的破损断面（该照片：日本建筑综合试验所）（彩图见文后彩图附录）

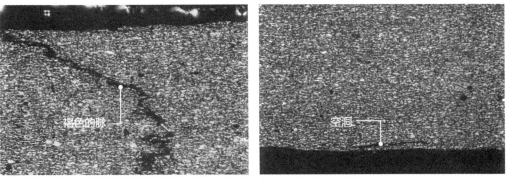

石板瓦片在偏光显微镜下观察的结果。左侧照片是表面附近，右侧是底面附近。看见了成为脱落原因的空洞和肉眼看不见的"筋络"（彩图见文后彩图附录）

其结果就是没有认可金属块和强度有关联性。于是判断加入金属块的石板瓦是否使用是设计的问题。

一方面，纹理涉及强度的影响从有纹理和没有纹理两个方面考虑。

报告书提出了"使用测试来进行纹理的检查很困难。纹理的强度上，是否有害，在非破坏下检查是不可能的"这样的见解。就是因为石板瓦表层剥离下存在的部分等。

因此得出这样的结论"如果认可外观上纹理，办法就是石板瓦全部都不能用，要考虑就只能使用承受一定重量，荷载下不能破损的石材等"。

—

看不见"筋络"吸水使强度低下

—

对于日经建筑的采访，矶崎新工作室用文书回答道："除了脆弱的石板瓦之外，其他可在安装前用锤子轻打或低水压放水"。清水建设也仅仅用文书回答道："遵从设计

|对策| 脱落对策要花费8亿~14亿日元

针对JR东静冈车站前的综合设施"Granship"的外装材料石板瓦相继发生脱落事故的问题，静冈县的根除对策检讨委员会（委员长：坂本功东京大学名誉教授）2010年11月9日对报告书做了总结。

对脱落的对策提出如下的3个方案：①追加不锈钢网和支撑铁件等防脱落部位材料；②覆盖上合金板等板壁；③现有的石板瓦全部换掉。预算工程花费8亿~14亿日元。

"施工方法存在利害得失。县里看大局来选择，"坂本先生做了这样的说明。县里，今后选定脱落对策，预定2011年度以后，着手进行设计和改修工程。

对策检讨委员会对石板瓦中称呼"纹理"石纹面的破断和表层的剥离生成原因分析，得出了结论就是在反复干湿下，纹理的强度下降，再加上主体边缘的温度变化导致伸缩、建筑物主体构造的层间变形角有急变的部分等诱发了剥离。

脱落对策主要的危险比较

※饰面材料陶瓷类使用的场合△，金属类使用的场合×

脱落对策类型	施工方法例子	现有的石板瓦片的脱落	现有的石板瓦片老化状况的确认	追加外装材料的脱落	维护的时间	对设计的影响	工程费用	工期
表面·背面的处理	表面涂含浸入性的硬化剂	△	○	—	×	△	由于不能防止脱落从候补中剔除	
	背面黏结碳化纤维板	×			○	—		
追加防脱落材料	贴网	△	○	○	△	×	8亿日元	10个月
	设置支撑铁件							
板壁覆盖	贴网组合	○	×	△	△	△-×※	10亿日元	13个月
	设置支撑铁件组合							
全面替换	背面用石材替换	—	—	○	○	△	14亿日元	18个月
	背面用陶板替换					△		
	合金铸造物替换			△		×		

基于根除对策检讨委员会的报告书由日经建筑制成。表中的○、△、×按顺序表示危险变大。—是检讨不要的项目。施工费和工期是概算的数字

图纸，安装方法等与关联者协商基础上施工，进行了规定的检查"。对于施工阶段的强度不足的石板瓦除去能行与否的疑问没有回答。

Granship竣工后对石板瓦的关注是从2006年3月开始的。县里委托日本建筑综合试验所对安装石板瓦进行再调查。该试验所的报告书总结了如下的内容。

例如：吸入水的石板瓦片弯曲强度下降，容易受含水的影响。Granship实际上在大暴雨的天有很大的石板瓦片脱落下来。

并且进行弯曲强度试验的时候，肉眼可确认沿着破断的石板瓦"筋络"，锐利

的破断面呈现出来的石板瓦吸水时弯曲强度很低。

使用偏光显微镜观察时发现，石板瓦的表层剥离的原因是空洞和肉眼分辨不出来的"筋络"。发现了弯曲强度试验的锐利破断面产生的各点，在石板瓦中存在用眼睛看不到的堆积层。

县里长年对石板瓦片脱落的事实没有公布。县文化政策室的室长后藤淳认为其理由是"经过2006年度到2008年度，建筑物外周围设置了植栽和PC塑料工程制的防护屋顶，考虑它是能够确保安全的"。

| 类似事例 | 矶崎新设计的其他4所设施也有石板瓦脱落或龟裂

Granship的石板瓦片脱落被曝光不久后的2009年10月22日，发现了在静冈县的静冈市内的舞台艺术公园里有室内会场（椭圆堂）等4处设施，天然石板瓦有脱落或龟裂。

归根到底都是矶崎新的设计，由住友建设（当时的公司名称）等施工。1997年6月左右完成。使用的是西班牙产的板石，但与Granship的石板瓦的产地不同。

石板瓦主要使用在角度缓缓倾斜的屋顶。厚度6~7mm很薄，1片的大小是20cm×30cm，重量约800g的很轻。县文化政策室的室长后藤淳说："石板瓦片的脱落事件没有确认"。

矶崎新设计室做了如下的说明，"椭圆堂等的设计，虽然施工时间与Granship有部分重合，但安装方法等两者的细节有所不同。石板瓦的脱落或龟裂是竣工后才判明的，当时是不知道的"。

县里到2009年2月为止，椭圆堂安装的约28000片的石板瓦中的360片用香港产的石板瓦更换掉。并且对石板瓦的空隙进行密封，表面涂保护剂。其他的设施也部分更换了石板瓦，这些对策合计要花费600万日元。

上面的照片是椭圆堂。屋顶的石板瓦粘结层用胶粘沥青薄膜等固定。县里在这里设置了禁止进入的指示板。下面的照片是密封补修时的样子（下面的照片：静冈县）（彩图见文后彩图附录）

[事例]　**EAGA A栋**

不到三年面砖剥落

反复发生的面砖剥落事故。
在岛根县内建设的综合设施于2009年发生的事例就是其中之一。
尽管是频发事故，
其原因也未探明。

建材掉落

岛根县内JR益田车站前建设的综合设施EAGA 的A栋，在打底调整用的修补材料砂浆的上面，粘贴面砖的外部装饰材料有一部分发生剥落。2009年2月13日过往行人通报了这件事。

掉落下来的外部装饰材料长100cm，宽60cm，大约重10kg。一部分是掉在益田车站附近的道路上。为了撤掉剥落的面砖和紧急修补外墙壁，造成了道路的一时通行限制。未发生因该事故引起的人员受伤和物品损失。

外部装饰剥落的该设施下面3层是公共设施和商业设施，4层以上的部分是公寓，有13层建筑，在2006年6月建成。结构是SRC（钢筋混凝土），一部分是S（钢）结构，外部装饰是砖色和灰色瓷感的面砖装饰。这是益田市作为街道再开发事业来开发的，由都市环境研究所（东京都文京区）承担了其基本设计和实施设计。熊谷组对设计的实施承担了具体计划变更和施工工作。

左侧的照片是面砖剥落的EAGA A栋的住宅部分。12层的东面柱部分露出长100cm，宽60cm大小的面砖和砂浆剥离掉下来。一块面砖的尺寸是45mm×95mm。上面剥落部分还在扩大，建筑物完成至今不满3年，掉落的墙壁前面是JR益田车站过往行人通行的道路（照片：益田市）

使用面砖的外部装饰设计是都市环境研究所在设计总结阶段决定的。该研究所考虑到担任这个项目的垫付资金的特定事业参加者的设计，以及降低建筑的生命周期成本，选择了用面砖进行外墙装饰。就规格本身属于一般常规样式。

—

主体构造的完成本身没有问题

—

剥落的外部装饰是十二层东面的外突装饰柱部分。事故过后，对面砖全面测试检查的结果，表面的空鼓集中在外突装饰柱上。在用面砖施工的外突装饰柱155m²中，确认有27m²的表面发生了空鼓现象。包括扶手部分的外墙在内一共有32.4m²发生了空鼓。

在采集了空鼓部分的外突装饰柱的中心部，确认了施工状态后，混凝土的主体结构上有用厚度为2～5mm程度的底层找平用的砂浆施工。是为了确保表面的样式。砂浆的上面再用2mm厚的砂浆层黏合面砖。剥落事故是因底层找平用的砂浆和混凝土之间的黏合力低下而发生的。

关于剥落的原因，熊谷组以各种假想为前提，进行了多次调研。例如，认为是混凝土和砂浆等不同材质热胀冷缩不一致造成剥落，这是面砖外部装饰材料发生剥落的要因之一。

位置分布概要图和阳台部分的平面图

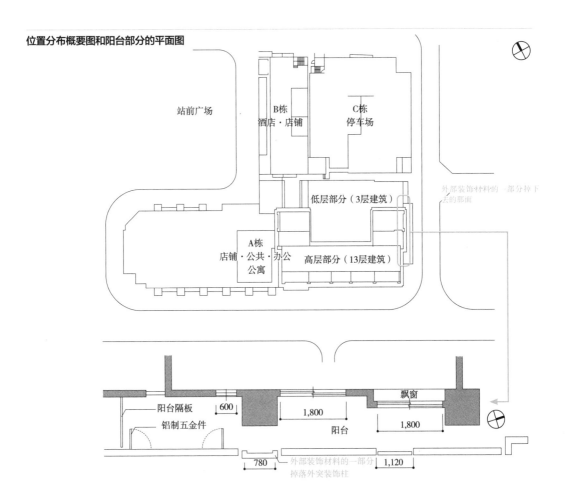

危险的设计

开洞

门

楼梯·高差

地面·通道

屋顶·顶棚

墙

内装

电梯

设计评论

128

通过全面测试确认了面砖的空鼓情况

东面的空鼓情况况

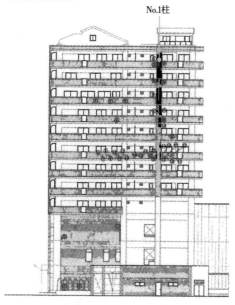

No.1柱

· No1柱：14处、合计1680块（包含剥落的部分）
· 1~3层的墙壁：4处、合计72块
· 扶手墙壁：22处、合计191块

南面的空鼓情况

No.5柱　No.4柱　No.3柱　No.2柱

X8　X9　X10　X11　X12　X13

· No.2柱：26处、合计1360块
· No.3柱：30处、合计820块
· No.4柱：18处、合计660块
· No.5柱：19处、合计480块
· 扶手墙壁：X8~X9间隔、合计6块
　　　　　　X9~X10间隔、合计24块
　　　　　　X10~X11间隔、合计124块
　　　　　　X11~X12间隔、合计136块
　　　　　　X12~X13间隔、合计43块

包括容易受日照影响的南面和东面的空鼓现象显著，外突装饰柱的面砖颜色浓重容易吸收热量，还有与结构柱相比装饰柱的刚性较小，所以热胀大。但是，这些方面不能确定成为招致面砖剥落的决定性理由。

调查中确认了砂浆黏合面的混凝土的表面状态。在黏合面上，施工时超高压水洗净和毛刷凿毛与洗净没有做底层处理，也没有确认是否有异物，认为完成状态没有问题。

认为也不存在模板剥离剂的影响。为防止砂浆的干燥引起的黏结性能的低下，在界面施工过的吸水调整剂在主体结构侧和砂浆侧也都有浸透了的痕迹。

据熊谷组判断，接缝的施工上也是合理的。混凝土主体结构侧的水平接缝处也配置了相应的面砖接缝，也不存在像很深的接缝这种现象。在此基础上，调查了吸水调整剂的涂布厚度是0.001~0.003mm。"和厂家确认证明是属于没有问题的范围"，熊谷组建筑事业本部建筑部建筑组的副部长古田崇氏作了上述说明。还确认了底层的找平砂浆的背面也没有水迁回进去的痕迹。

剥落的面砖因为是在春季施工的，认为也不存在受到冻害等因素的影响。

市里也向和他们有技术顾问契约的中电技术顾问确认了调查报告的内容，但也没有特别的剥落的原因。

关于外装在施工前后都进行了实验。例如，施工后选定了20处，对面砖的黏结强度实施抗拉强度实验进行了确认。其中外突装饰柱1处，扶手墙部位15处，山墙4处。最小部分的黏结强度是1.1N/mm²。公共建筑工程标准规格书（建筑工事编）上的合格抗拉黏结强度是0.4 N/mm²以上。试验的各个部分都高于这个强度值。

今后也向周边居民"传达"

根据熊谷组的调查结果，没有找出原因。一方面，以出现空鼓的地方为中心修复有面砖的墙面。在剥落的地方等处进行底层修补，然后用有弹性的胶粘剂粘贴面砖，对认为有空鼓的锚定支撑部分用注入环氧树脂工法进行了改修。

2009年6月完成了上述修复工程。熊谷组负担了包括调查在内的超过1000万日元的费用。预定1年后，也就是2010年6～7月再次诊断检查等确认。在2010年2月的时点没有发生任何问题。

有关外墙的落下事故，对生活在周边的人们也进行了问询，听到了这样的呼声："关于外墙壁脱落的事情，事故后没有听到市里的任何解释"。

市里马上对公寓的居民传达了事故的实际情况，但却没有与周边的居民等直接进行联络。附近经营店铺的女性说："有关事故的内容听熟人说了。今后要是再有同样的事故，希望市里能够给予明确的解释。"

有关这次事故，市里于2009年2月23日在市议会的全员协议会上作了报告。第二天刊登在了地方报纸上。市里解释说因为忙于追究建设公司的应对措施，所以发表晚了。

有关事故的报道，市里也表明了改善的意向："今后考虑采用通过危机管理对策室用邮件通知市民的办法"（市产业振兴课课长辅佐原田茂）。

面砖装饰的外墙断面

（扶手墙壁和普通墙壁的面砖部位）（外突装饰柱的面砖部位）

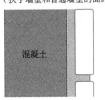

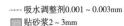

----- 吸水调整剂0.001～0.003mm ▨ 面砖5～6mm
▨ 贴砂浆2～3mm

外墙面的修复方法

适用地方	修复方法	内容
剥落的地方等	板壁施工方法	用打磨等露出混凝土面层。然后除去灰尘等，底层用水泥砂浆混合物修补。用有弹性的胶粘剂粘贴
确认的空鼓部分	锚定支撑部分用注入环氧树脂施工方法	依据《公共建筑改建工程标准样式书（建筑施工编）2007年版》
东、南、西面的外突装饰柱6根；北面的型柱3根；北面西侧的飘窗部分	防止面砖剥落施工方法	锚定支撑部分用注入环氧树脂施工方法进行施工。用特殊纤维的高强度涂膜——透明度高的丙烯树脂涂在面砖上，既保证了原来面砖的设计性同时防止面砖剥落

2010年2月8日拍摄的EAGA A栋全景

危险的设计

开洞

门

楼梯·高差

地面·通道

屋顶·顶棚

墙

内装

电梯

设计评论

130

[分析·对策] 对定期报告制度的对应措施

被严格化动摇的外墙选材

基于建筑基准法的定期报告制度在2008年4月作了变更。瓷砖和石头这样的外部装饰材料的检查内容被强化的结果是，委托者出现了试图重新考虑选定外装的预兆。

建材掉落

从维持管理来考虑的话，或许就会比较难以选择贴瓷砖和贴石头的外墙装饰吧。这样的不安开始在一部分的建筑从业者和大楼的所有者之间逐渐产生了。

这成为在2008年4月基于建筑基准法的定期报告制度内容改变的契机。该制度受到从2006年开始一直到2007年，电梯和轨道飞车引起利用者接连发生死亡事故等影响，而被重新考虑。事故的原因之一就是根据日常维修管理和定期报告不合理的事例的存在。

在新的制度里面，明确了对特殊建筑物等之外游戏设施、电梯、建筑设备的检查项目和增加了检查数量。

建筑物自身的调查中，认为受影响最大的变更项目之一就是对于特殊建筑物等外部装饰材料的调查方法。在这里所提到的"特殊建筑物等"，是国土交通省设定的学校、医院、百货店、共同住宅和事务所等。对象的详细内容由特定行政厅来确定。

记载调查内容的通告里提出了对瓷砖和石头粘贴外墙要用测试铁锤进行定期全面的测试等新要求。把因装饰材料的脱落有可能对步行者等造成危险部分作为调查对象，面对道路和广场的墙面就是代表性的例子。

要求全面测试的外装装饰是除了用砂浆和干式工法之外贴瓷砖及石材。关于瓷砖及石材，就包括混凝土和ALC板等用砂浆和胶粘剂粘贴的情况。在工厂与混凝土同时浇筑的瓷砖来生产的PCa部材等，也被要求要定期进行全面测试。

通告中规定的"干式工法"只限于在主体构造物设置的底层五金上把瓷砖和石材用机械挂上去这种装饰方法。公寓和事务所这样的楼用的瓷砖，现在也是不用机械固定的样式比较多。

—

2011年度开始测试在急速增加

—

要求定期报告中全面测试的调查结果时间，是完成建筑物及外壁改修、上一次的全面测试开始经过10年后实行的最初调查。

但是，在符合一定要求条件的情况下，可以把最初调查的全面测试时间延后。一定的要求条件是指本来全面测试必须是要在最初调查开始到下一次调查为止的3年以内进行，但这是由所有者是否要实施全面测试和外墙改装等的意图来决定。考虑到制度变更需要推广和所有者准备资金等需要一定的时间，以防止制度改正后引起大混乱。

新制度从2008年开始经过了3年，在2011年度以后，迎来的定期报告里，预见到测试调查在急速增加。因为制度改订后在最初的调查中把全面测试延后的建筑物调查开始正式认真实行起来了。

即使没经过10年，在定期报告时的调查中如果发现"剥落"和"明显的空鼓"这样的异常状态的话，就有必要进行全面的测试。在通常的定期报告的检查中，像窗户的角落部位和水平的接缝部位、斜壁部位这样的地方，在手能够到的范围内测试，其他的部分用目视来确认。

大规模的建筑物搭脚手架对外壁进行全面测试的话需要很大的费用。如能结合大规模修缮的时期的话，对新要求进行调查需要的成本就会减少，但对瓷砖等的状态进行单独调查的负担就会很大。特定行政厅已经接受过来自所有者等的关于费用方面的咨询。

通告中虽没有明确记述，国交省对红外线调查认定是和用测试锤的全面测试的调查方法等同。是用测定建筑物的表面温度来调查空鼓的方法。使用这种调查与搭脚手架调查相比会降低调查费用。

从事建筑物的定期查调等的NICHIBOU（东京都品川区）CS部的部长若林竜治这样解释说，"这和搭脚手架进行调查比起来，只花其一半或1/3的调查费用就可以解决了"。

但是，即使采用了红外线调查也不是就完全不需要测试调查了。对用手能伸到的范围用测试调查等来确认要比红外线调查的妥当一些。

红外线调查还是存在一些制约的。例如，对超高层建筑物等大规模的建筑的采用存在困难。因为测定角度超过45°的话，测定就会比较困难。植栽等在测定时遮住了外壁也没法进行调查。

—

有尽量控制采用瓷砖的动向

—

随着对外壁调查需要花费大量周折，出现了有关是否采用瓷砖等装饰的疑问。

日本建筑物协会联合会对国土交通省于2009年在业界吸取对建筑基准法的存在问题时候，听取了一部分会员企业的意见。该联合会到2007年4月时，汇集了建筑物所有者和经营者等约1300家企业的组织。

听取到的一部分的会员企业意见中，有如下一些主要内容。

特殊建筑物等的定期报告制度的重新评估要点

○外部装修瓷砖等的老化和破损 对手能够到的范围进行测试，其他的靠目视调查有异常时（要有精密调查）要注意提醒建筑物所有者	手能够到的范围进行测试，其他的靠目视调查，如果有异常的话要进行全面测试等调查。并且对竣工和外墙壁改造等从最初调查开始的到超过十年的要进行全面测试等
○喷涂石棉等 对有无施工和有无防止飞散的对策以及老化和破损情况的调查	左侧内容的追加，有喷涂石棉的施工，且防止飞散的对策没做的情况下，应该进行石棉的老化破损情况调查
○建筑设备·消防设备 对有无设备以及定期检查的实行有无进行调查	左侧内容的追加，没有做定期检查的场合下，调查工作状况
	调查结果报告时要添加分配图以及各层平面图

"测试检查发现异常的话，就要进行全面测试。瓷砖在每次检查中是不是都有可能会出现一些空鼓。每隔3年全面测试反复进行的话，今后外墙壁采用的材料装饰就变得不会再用瓷砖了"。

这也能看到设计者意识变化的征兆。例如，有大型设计事务所的设计者当中就明显有这样的人："着眼于定期报告制度运用后的维持管理费用，提出了外墙壁不用贴瓷砖的建筑物"。

不仅是调查量，判断标准的不明确也是招致不安的因素之一。现状下，在调查中判定了异常状态的话，没有"明显空鼓"和"明显龟裂"等确切的标准。再加上，在判断应该修补的部分和修补方法上，没有一个谁都能采用的明确规定。异常状态和修补的判断是委托给测试专门技术人员等的，所有者对风险的判断是很难的。

为了解决这些问题，全国瓷砖行业协会在2010年9月刊发了《关于现有建筑物瓷砖外墙的调查和调查结果判断》。指出了基于部分测试结果，是否需要进行全面测试的判断具体标准和应该改修的瓷砖粘贴的破损标准等。

|通告| 用业务标准的指示判断材料的详细内容

通告的记载

外部装饰材料等
[调查项目]
瓷砖、石材粘贴等（干式工法相关的除外）、灰浆等的老化以及破损的情况

适用于在混凝土和PCa板、ALC板等用砂浆和胶粘剂等贴瓷砖、石材等。包括与混凝土等在现场和工厂同时浇筑的

在主体构造物设置的底层五金上把瓷砖和石材用机械挂上去这种装饰方法

[调查方法]
窗户角落部位、水平接缝部位、斜壁部位等用手能伸到的范围用测试锤测试等方法进行确认，其他的部分双眼镜等必要的对应以目视来确认，但认为有异常的场合，脱落恐怕有对步行者等造成危险部分要全面用测试锤测试等进行确认。但是竣工后、外墙改修后或者脱落恐怕有对步行者等造成危险部分，全面用测试锤测试等实施以后超过10年、并且3年以内有对步行者等造成危险部分没有全面用测试锤测试的场合下，要对步行者等造成危险的部分全面用测试锤测试等进行确认（3年内确实有对外墙壁进行修补等的场合和有寻求其他途径保证步行者安全的对策的场合除外）。

脱落有可能对步行者等造成危险部分

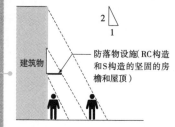

可能对步行者等造成危险的位置是在墙壁的前面，距离是墙体高度大概一半的范围

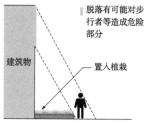

看到置入植栽等通常是人走不到的位置也是没有被害危险的场所

[判定标准]
外墙壁瓷砖等有剥落现象还有明显泛白、裂纹、空鼓等

"干式"也不是绝对安全的

在确保设计的多样性基础上瓷砖和石材对于订货者和设计者来说是重要的选择项。在对采用瓷砖和石材会增加维持管理费这样的不安越来越多的情况之中，全国瓷砖行业协会施工技术研究委员会的委员长小笠原和博先生强调了以下事项："大概20年之前在户建住宅中就开始有使用瓷砖的实际事例，使用胶粘剂粘贴的瓷砖施工方法比起使用砂浆粘贴施工方法来，其剥落的概率是很低的。用几十年的时间距离来考虑建筑的生命周期成本的话，其比起喷涂等装饰材料来是有利的"。

天池先生更是作了如下补充。"用PCa浇筑的瓷砖比起用砂浆粘贴的瓷砖来，其剥落的概率也是低的。大多数的剥落是因为制造时出现了问题，进行修补的部分。一方面，机械的固定也会发生剥落。考虑到这些，对于要求全面测试的对象等，我们期待能对定期报告制度进行使用上改善"。

国土交通省建筑指导课建筑物防灾对策室课长辅佐阿部一臣发表了如下见解。

2008年4月实行的定期报告制度的调查项目和调查方法等的详细内容，在国土交通省指导科监修的《特殊建筑物等定期调查业务标准（2008年修订版）》里有所指出。

对该标准通读，发现通告里的调查方法等标准不明确。例如对外装装饰材料的调查用"全面用测试锤测试等"的规定，记载了包含红外线的调查内容。

定期报告时，需要改正和判断的"明显落白、裂纹、空鼓等"没有明确的定义。对调查方法来说要考虑到精度的不同。对业务标准，需要改正的例子用照片指出，判断时可作为参照。

但是照片的数量很少，详细的判断、检查和调查要按照担任专家的技术水平而定。

通告里记的"脱落有可能对步行者等造成危险部分"是针对不特定并且多数人通行的地方带来影响的部分。

详细的在国土交通省对定期报告制度修订的同时在2008年4月出的技术建议里有所记载。

外墙部分的调查和判定的大致流程

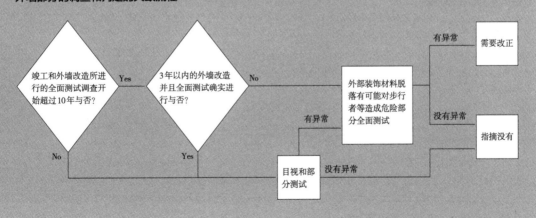

"在工厂浇筑的瓷砖和在现场用砂浆等粘贴的比起来，施工精度或许会不一样，但事故的数据没有充分的收集到，装饰方法不同的事故率也没有掌握到"。在此基础之上，阿部还强调了："不管是哪种方法，粘结力下降的话都有可能招致事故，这是要把风险看重"。

—

对所有者的说服力成为关键

—

希望重新对定期报告制度内容进行考虑的呼声，除了对瓷砖的对应之外也存在。前面所提到的日本建筑物协会联合会一部分的会员企业提出如下的心声："像防火门的关闭速度等这样初期性能在数年后也不会劣化的东西也有必要要报告的义务吗"；"电梯和自动扶梯的自主进行检查已成商业习惯，和其他的检查重复，还有历经数年也不大劣化的东西也应该除外"。

大楼的所有者考虑到增加不合理项目的话，对定期报告怠慢的所有者就有可能会增加。从特殊建筑物的定期报告的实行情况状况来看，2008年度的报告率仅仅停留在62.9%。制度修正的影响的程度还未定，报告率已经与上一年度的报告相比降低了3·4个点了。制度正式开始运用起来后，这个数字会有怎样的变化是必须要注意的。

为了提高报告率，对所有者和建筑物的利用者等说明定期报告制度的必要性是不可或缺的。为了使说明具有说服力，有必要在现状之上更明确地指出懈怠检查等的情况下，风险和对策所带来的经济影响等。对于合理说明困难的项目，考虑灵活改正的态度也是很重要的。

对于如何运用好制度，现有的框架组合也有可能做到。就是接受定期报告的特定行政厅的监管。从前的定期报告制度中，规定了延误报告的时候，对所有者等进行罚款。可是，在国交省到2007年10月为止的调查中，实际上没有过由于延误了定期报告而进行罚款的事例。

对违反者的指导如果运用的不好的话，有效的抑制效果也就难以期待。定期报告制度的根本就是为了实现"防止利用者和第三者发生事故"，所以要求特定行政厅等应该沉着对待。

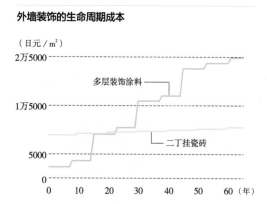

外墙装饰的生命周期成本

（日元／m²）

基于国土交通省官厅建设维修部监修的《2005年版 建筑物的生命周期成本》,检查费用没有考虑

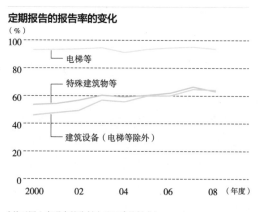

定期报告的报告率的变化

（%）

（基于国土交通省的取材由日经建筑制成）

类似事例 | 追究责任也给瓷砖标准带来了反向风潮

不断有砂浆和瓷砖等装饰的外墙剥落事故发生。以消费者和被害者的观点被不断重视的社会状态下，以实行刑事处分为首对相关人员的责任追究变严的可能性也在增加。2005年发生的外壁剥落事故的结果，也预示了这样的征兆。

警视厅在2010年5月21日，对大约在5年前发生的外墙剥落事故，把接受委托的施工单位的社长以业务过失伤害罪送交检察机关。

事故是在东京都中央区建设的地下一层和地上八层的新川大楼，2005年6月14日12点40分的时候发生的。五、六楼部分用瓷砖粘贴大约有4m×5m大小的外装饰斜壁发生了脱落，砸到一名行人造成重伤。

另外，为躲避掉下来的瓷砖而紧急刹车的1名司机也负了轻伤。落物的重量合计达到约785kg。

该大楼大约在事故发生7年前的1998年，因外壁出现了空鼓和落白现象而后实施了修补工程。原施工单位的飞鸟建设承接了修补工程。补修是在外壁的缝隙间注入了树脂，采用了把瓷砖等用金属钉固定在主体结构上的施工方法。这个时候，有人怀疑接受委托的施工单位在必要的地方没有用钉进行施工。

从所有者那里接受了建筑物信托的瑞穗信托银行，在事故发生后委托其他的大型建设公司把斜面的瓷砖外装变换成钢板装饰进行施工的时候，了解到这是工程偷工减料造成的。

同行在事故过后对接受委托的建筑物件的审查标准实行严格化。特别是对有斜壁的建筑物，进行慎重审查的基础上，再进行是否接受信托的判断。

进行改修工程的原施工单位飞鸟建设，在就有关事故原因和施工管理体制等说道："在最终结果出来之前，没有任何意见发表"。

对于这次事故，国土交通省于2005年6月16日，对各个都道府县下发了力图防止同种建筑物的脱落事故的通知。之后，该省每年都在建筑物防灾周期间实施外壁材料的脱落防止对策的调查。并对调查结果进行公开发表。

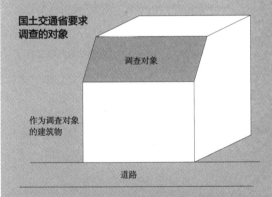

国土交通省要求调查的对象

调查对象

作为调查对象的建筑物

道路

在容积率400%以上的中心市区地等，以地上3层以上建筑，竣工后经过10年左右的外墙壁倾斜的部分为调查对象

外墙壁发生脱落的新川大楼(照片右)。2005年6月14日拍摄。道路上外墙壁的破损瓷砖片瓦可见

危险的设计

开洞

门

楼梯·高差

地面·通道

屋顶·顶棚

墙

内装

电梯

设计评论

136

[分析·对策] 外装饰面材料的安全

防止脱落的耐久设计

外墙等的装饰材料是左右设计者的重要元素。
但是另一面却是其耐久性常被人们忽视。
不仅仅是施工，设计的好坏也会对耐久性有影响。
在这里介绍一下外墙饰面材料耐用年数的算法等。

建材掉落

最不易剥落的外壁装饰材料是什么呢?

日经建筑对不同的设计者和施工者进行了调查，其中最多的回答是"弹性系的涂装"。

主体结构的混凝土和砂浆不但可以从中性化等方面来进行保护的同时又能追随其伸缩性，不易发生裂纹。虽说经过10~15年必须要进行再度涂装，但如果是氟化乙烯树脂制涂装材料的话其耐久性也是很优秀的。

一方面，以集中住宅等为中心，长谷工公司技术部的部长原功三先生说:"比起涂装和喷涂，还是贴瓷砖显得高级，这种想法比较根深蒂固。"

外墙瓷砖的剥离的形态和对策

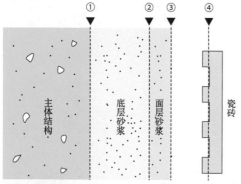

① 主体结构
② 底层砂浆
③ 面层砂浆
④ 瓷砖

①底层砂浆和混凝土主体结构的界面剥离	
设计上的对策	·适当地设定调节伸缩缝
施工上的对策	·用超高压水等在混凝土表面进行凿毛处理 ·混凝土表面上吸附的污点和模板剥离剂用水洗 ·适当地用吸水调整剂涂膜 ·底层砂浆涂抹厚度1次在7mm以下，总厚度控制在25mm以下

②面层砂浆和底层砂浆的界面剥离	
设计上的对策	·适当地设定调节伸缩缝
施工上的对策	·面层砂浆2遍，用抹子压实 ·底层砂浆施工完成后要进行2周以上的养护

③瓷砖和面层砂浆的界面剥离	
设计上的对策	·选择重量和背面凹凸高度合适的瓷砖
施工上的对策	·面层砂浆涂抹放置时间要短 ·要对瓷砖进行轻叩和压实

④瓷砖的背面凹凸破断	
设计上的对策	·接缝深度在瓷砖厚度的1/2以下 ·外墙拐角接合处不要使用接缝处理

因为主体结构的底层砂浆而瓷砖剥落的例子（照片：鹿岛）
（彩图见文后彩图附录）

基于全国面砖行业协会的资料由日经建筑制成

虽说接近于瓷砖装饰的可涂装的施工方法也出现了，但据某大建筑公司的设计者说"不喜欢仿造感的建筑业和设计者也还是不少的"。从重视设计和美观上讲，用真正的瓷砖材料来装饰的情况还是比较多的。

—

需注意背面和外转角处的瓷砖

—

瓷砖本身的耐久性是很高的，但还是有瓷砖剥落事件反复发生。根据全国面砖行业协会的资料显示，比较多的原因是底层砂浆和混凝土主体结构界面剥离。温度变化造成两者伸缩量的不同是其中一个原因。

对策就是主体结构的裂纹导致接缝与水平接缝的位置对合时，必须要给瓷砖设置调整伸缩缝。曲面壁和突出壁的伸缩量大，调整伸缩缝的间隔在1~3m之间。

施工的时候混凝土表面的凿毛处理是不可或缺的。用超高压的水"划出条痕"的方法以及模板内侧铺上有突起的冷布然后再打混凝土的方法比较普及。"最近的模板是可以反复使用表面树脂覆盖得比较多。混凝土打上后表面就会变成平滑玻璃状，因为难以保证和砂浆的充分的黏结强度所以必须注意。"（原先生）

使外观变得好看的外墙处理也应该注意。应该避免为了调整主体结构的不平而薄涂修补砂浆使之发生不良硬化而剥离，以及因已经贴好的面不整齐所以发生瓷砖的按压不够坚固这样的现象。

在背面不要强拉瓷砖。特别是外转角处的瓷砖因主体结构伸缩的影响容易剥落。瓷砖的背面用钢丝线把砂浆和主体结构固定。

调整伸缩缝的例子

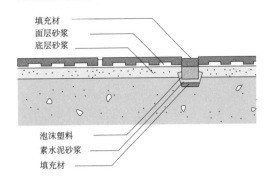

背面的剥落防止对策

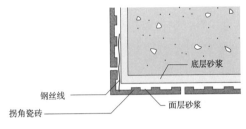

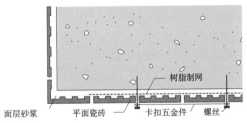

基于日本建筑学会的《建筑工程标准说明书·同解说陶质砖粘贴工程》和全国面砖行业协会的资料由日经建筑制成

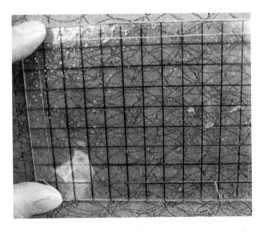

长谷工公司规定，用超高压水在混凝土表面划痕时，必须是在1cm方块里划出1条以上（照片=长谷工公司）（彩图见文后彩图附录）

耐用年数存在8倍以上的差

为了彻底实施以上对策，很多设计事务所和建筑会社设定了自己公司独特的指南。

例如，长谷工公司就重新整理了《瓷砖施工检查要点》，从2006年9月开始，把运用超高压水凿毛的工序标准化，作面层的砂浆指定要加入聚合物的产品。

大成建设也在公司内部规定至少要用厚度为10mm加入聚合物的底层砂浆来铺设。是为了吸收主体结构和瓷砖的伸缩差以防止剥落的发生。同社还整理了适合主体结构和外装规格的设计上的检查项目总结表。例如，为了避免主体结构的接缝和瓷砖的接缝的位置不一致，社内的设计者之间在前期阶段就要调整好。

在施工现场不仅有瓷砖后粘贴施工方法，制作预制混凝土构件时，注入瓷砖的先粘贴施工方法也可能出现各种问题。

鹿岛建筑技术部的技师长野平修先生指出在角落以及冒口很容易引起混凝土填充不良。鹿岛和日本设计等共同开发了在瓷砖的小口沟配的"WTS"。使用高流动性的混凝土等注进瓷砖，接缝部形成楔形防止剥落。

什么样的施工法、能保持几年？不仅是主体结构，非结构部位材料的装饰材料耐用年数也引起了极大关注。

建筑研究所在2009年度和2010年度的2年间，以与建筑物长期使用相对应的材料和零件材料的品质保证为题开始了研究。这个研究是基于原建设省进行的有关提高建筑物

预制浇筑瓷砖也害怕剥落

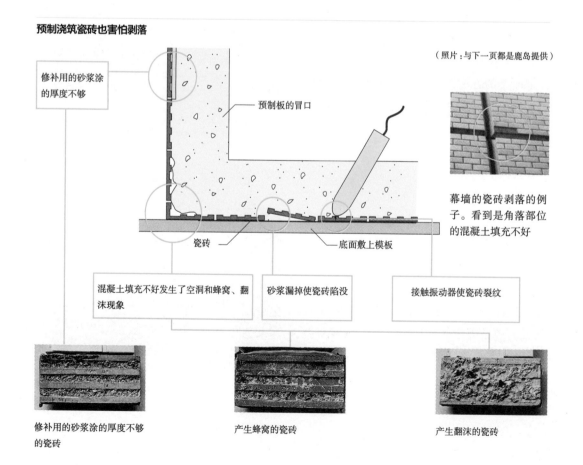

（照片：与下一页都是鹿岛提供）

修补用的砂浆涂的厚度不够

预制板的冒口

幕墙的瓷砖剥落的例子。看到是角落部位的混凝土填充不好

瓷砖

底面敷上模板

混凝土填充不好发生了空洞和蜂窝、翻沫现象

砂浆漏掉使瓷砖陷没

接触振动器使瓷砖裂纹

修补用的砂浆涂的厚度不够的瓷砖

产生蜂窝的瓷砖

产生翻沫的瓷砖

耐久性的综合技术开发项目来进行的。

综合技术开发项目的成果之一是，外装涂装装饰和瓷砖装饰的推定耐用年数的算定公式。这个公式到目前为止只是材料开发厂家在产品开发当中作为参考程度来使用，一般的设计者在实际业务中基本上不使用的公式。

例如，瓷砖装饰的算定公式，首先，是假定瓷砖装饰施工方法的标准耐用年数为25年，瓷砖先粘贴施工方法为40年。其次，是根据瓷砖的形状和颜色、有无接缝、施工的季节、瓷砖的粘贴角度、施工人员的经验年数、维持保护的状态等等的系数乘以标准耐用年数，计算出推定耐用年数。用瓷砖的后粘贴施工方法试算后，推定出耐用年数为

5.4～46.8年，存在8倍以上的差距。

利用这个算定公式，更容易向顾客提出与耐久性相对应的瓷砖标准和粘贴方法的提案来。建筑研究所今后最新材料和施工方法要能从适用于算定公式来考虑。

在预制板框内嵌入加工的楔形瓷砖，与旁边的瓷砖形成楔形，防止脱落

外装装饰的推定耐用年数

涂装的场合

$Y = Y_s \times O \times D \times B \times C \times M$

Y：涂装的推定耐用年数

Y_s：标准耐用年数

O：材料系数

D：地域环境系数

B：部位系数

C：施工水平系数

M：维持保护系数

推定耐用年数试算例子

涂装材料组	涂料	薄涂饰面材料	多层饰面材料	厚涂饰面材料
主要涂装材料	丙烯树脂珐琅	合成树脂乳胶漆系列彩色	丙烯系列多层饰面材料E	水泥系列厚涂饰面材料
主要涂装材料的标准耐用年数 Y_s	6.0年	7.0年	10.0年	12.0年
推定耐用年数 Y 的最小值	1.7年	1.9年	2.8年	3.3年
推定耐用年数 Y 的最大值	10.5年	12.2年	17.4年	20.9年

瓷砖饰面的场合

$Y = Y_e \times D \times M$

Y：瓷砖饰面的推定耐用年数

Y_e：目标耐用年数

D：老化系数

M：维持保护系数

推定耐用年数试算例子

施工方法	瓷砖的后粘贴施工方法	瓷砖的先浇注施工方法
目标耐用年数 Y_e 的最小值	8.8年	18.1年
目标耐用年数 Y_e 的最大值	39.0年	57.2年
推定耐用年数 Y_e 的最小值	5.4年	11.1年
推定耐用年数 Y_e 的最大值	46.8年	68.6年

基于建筑研究所的资料由日经建筑制成。推定耐用年数是指，竣工开始到最初的进行修缮为止的年数，除去部分的修补。涂装的试算是以主材和混凝土的标准材料使用的场合下设定的

[事例]　鸟取县立公立医院

意想不到的鸽子粪便灾害

生物和建筑物不能相互融合产生了事故，
鸟取县仓吉市内的医院有这样的一个例子。
因为改扩建而聚集的鸽子，
招来了食物中毒和感染症状的危险。

损害健康

这里能否养鸽子？在鸟取县仓吉市低层的住宅地区，有这样的意见相继而来的建筑就是县立公立医院。

该医院资产管理科的神庭清一回顾道："最繁盛期有150~200只鸽子在这里住着。粪便和羽毛进入到建筑物内，有引起食物中毒和感染症状发生的危险。"2013年3月实施了不要接近鸽子的根除对策。

医院对鸽子最初引起注意是在2007年5月的时候。也正是7层就诊楼改扩建完工之时。神庭先生说："周边没有高层建筑物。在这之前，鸽子都是在桥下等地方生活，或许是想到眺望良好的地方才聚集到这里的。"

鸽子特别喜欢的是屋顶的直升机升降场地。20m边长的正方形混凝土接机坪下，避

开风雨和乌鸦等天敌而营造的巢穴是非常好的生活场地。鸽子蛋经过2周的孵化，出生到成长，几个月后能够产卵。反复几代的繁殖，鸽子的数量增加了。

—

倒立的梯形真的没有问题和疏忽大意

—

设计者到底事前提出怎样的对策？

就诊楼的设计是日建设计和安本设计事务所（鸟取县仓吉市）组成的共同企业联合体（JV）。直升机升降场地周围用百叶窗覆盖，向上部分的外观是一个倒立的梯形，所以百叶窗对于鸽子在此停留是很难的。百叶帘的缝隙间也很难进入。"设计者认为这是没有问题的，对策的讨论就没有进行"（神庭）。

这种想法不免太乐观了。鸽子是从百叶窗的下端和建筑物主体结构之间仅有的空隙徐徐入侵的。并且也逐渐发现从地下隔震打孔等角落开始进入的事情。

医院在2008年以后，相继进行了对鸽子入侵口用网和花瓶围堵的工程。在2010年3月几乎所有的阳台上都用直径1mm间隔为3cm的不锈钢制的钢丝网进行围堵。其结果使鸽子急剧减少了20多只。鸽子对策需要的费用总额大约达到了4000万日元，由县里

鸟取县立公立医院的外观。能见到屋顶上直升机升降场

负担。

在设计阶段对直升机升降场的空隙围堵等，如果在鸽子最初没有往医院聚集的时候提出对策的话，或许就没必要有这样的花销。然而，县里设计的标准对于鸽子的对策没有明确的指示。神庭先生透露说"对于设计者纰漏的问责是很难的"。

神庭先生说："看鸽子入侵口，反复用网等进行围堵作业"。右上是张开了细金属丝的阳台。右下是隔震打孔的开口处用胶合板堵住

| 类似事例 | "粪便灾害"15年还在苦恼

类似事例 "粪便灾害"15年还在苦恼

同样的鸽害在各地发生着，例如，JR奈良车站站前建有14层的奈良市营住宅，经过了长时间因鸽子的被害而苦恼着。

该市营住宅是为了消解车站周边密集的市街地人口而建设的。由黑川纪章先生担任基本设计，于1992年5月完成。是开发地区的租借居民们移居的规划。

这时候为了配合事业开展进程，居民开始入住的时间是建筑物完成1年后的1993年5月。

但是，180户中仅仅住进了40户。在这期间，空置的住户阳台等处住了约100只鸽子。V字形的建筑平面形状、狭窄的空间与鸽子的习性一致，受到鸽子的喜爱。

之后，入住率达到了100%，但归巢本能很强的鸽子们没了立足之地。掉下鸽子粪便、阳台不能晾晒被褥和洗涤物的情况持续发生。

对于此，市里相继推出了各种对策。首先在2001年，在各家阳台上安装了鸽子讨厌的磁石。但没有效果。2007年在被害最大的阳台上张贴了金属网，鸽子仅仅是转移到了隔壁的阳台上。2008年公寓全部覆盖了网，渐渐平息了鸽害。

市住宅科的中原达熊说："本来居民对阳台勤打扫等，自己完全可以防卫的，入住时如果对全体住户彻底说明原因就不是这样了"，结局就是市里为这事情投入了几千万以上的费用。

黑川纪章设计的奈良市营住宅也成了鸽子的一角。2010年9月拍摄

[事例] 蒲田月村大厦

凹面的外墙形成光反射

火灾

在安装热反射玻璃成凹面的角落部，
正面招致了火灾。
如今作为光反射引起火灾的代表例子
在消防行政部门等流传。

　　东京都大田区蒲田于1994年3月25日，在人行道上停放的摩托车罩布烧着了。原因是在人行道旁边建成的带有地下1层和地上9层的大厦的反射光引起的。在这栋大厦西南角一侧采用的是凹面形状，安装了热反射玻璃。凹面半径约4.6m，摩托车在距离墙面约2m的地方停放。

　　罩布燃烧的第二天，东京消防厅去现场进行了检证。罩布燃烧时间推测为午后2点15分左右。确认了在同一位置的摩托车座席蒙上了黑色塑料袋后，在吸收大厦外墙壁的

反射光大约5秒后，塑料袋开始溶化，10秒后从开孔处冒烟。

　　根据这个检证，东京消防厅做出了建筑物凹面形状的玻璃幕墙反射的光线引起摩托车罩布燃烧的结论。

　　该大厦在事故发生之后不久，提出了在窗户上贴膜的对策。之后，作为永久的对策，在光反射发生的地方设置了兼广告板的构造物，力图防止事件再发生。

　　光反射引起的火灾里也有因矿泉水瓶和水晶球等引起的火灾的事情。作为火灾的原

1 凹面状的玻璃幕墙的前面停放的摩托车的座席，吸收了太阳光而发生小火灾。天气晴，气温13.5℃，面前的人行天桥等没有遮挡太阳光的障碍物，照片的小火灾发生第二天进行试验的模样。座席上面聚集着焦点，为了试验在该地方放置了黑色塑料袋，受热溶化10秒后有开孔；**2** 烧焦的摩托车的座席罩布，是由易吸热的黑色塑料制张贴革面。革面部分烧着的内侧露出的是白色的聚氨酯靠垫，也就是冒烟的地方（本页的照片：东京消防厅）（彩图见文后彩图附录）

因这是很少见的例子。

根据东京消防厅1999年开始直到2008年10年间的数据统计,该管辖区内光反射引起的火灾有22件,没有因建筑物自身光反射而引起的火灾。

这样看来,与建筑物等关联的火灾至今为止的例子完全没有是不对的,例如:爱媛县宇和岛市内在2007年8月正午刚过,酒店二楼发生了火灾,据推测是光反射引起的火灾。烧损的地方下面的外墙安装的不锈钢制的广告板的一部分汇聚了光,促使经过长年炭化的木材着火而形成的。

酒店在火灾发生一个月前更换广告板里的灯泡时,发现那时的广告板被磨得容易形成反射光。事故后,该酒店周边的自治团体呼吁对广告板等能发生光反射的隐患要预防。

同样的火灾事例虽然很少,但蒲田的火灾事故的知识普及对将来的意义可不小。这次事故是作为因建筑物光反射引起火灾的代表事例,至今依然留有纪录。例如,东京消防厅监修的《新火灾调查教材》里对蒲田事故有所介绍。该书作为资料对火灾的调查有所帮助,各地的消防部门等机构在使用。

光反射的构成

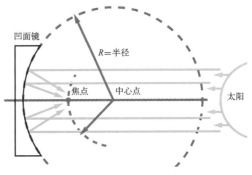

凹面镜的焦点在半径R的1/2的地方。这个焦点吸收了光的能量,凹面镜在太阳正面对应的场合下最多。一般情况是,接收太阳光的凹面镜的面积越大,而且没有凹面镜的变形集光率就高,大批能量在焦点被吸收。气温对火灾几乎没影响

事故的概要图

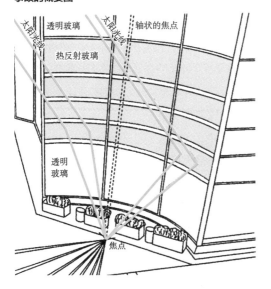

表现蒲田发生的光反射引起的火灾的构成图。图里的样式等是当时事故发生的情景

1994年因光反射引起火灾的蒲田月村大楼。2009年12月拍摄。有凹面的外墙。光反射部分设置了兼广告板的构造物,使摩托车等停放时不能发生事故

[事例]　**天神玻璃大厦**

刺眼

追求玻璃的光芒带给你的是……

追求表面的"玻璃光芒"带给你的是
日照反射产生的"光害"问题
考虑刺眼、不舒服这样的观点，
再加上对交通的影响也不能轻视。

天神玻璃大厦的南侧所见位置。在2008年4月拍摄。完工后的大厦有空房引人注目，2009年11月25日当天，一层有贴出的招租信息（彩图见文后彩图附录）

"好像有两三个太阳"、"刺眼而感到面部灼热"、"电脑屏幕看不清"……

对福冈市内建起的天神玻璃大厦（以下简称为玻璃大厦）来说，像这样的投诉大量涌来。呼声来自于建在玻璃大楼对面的天神公园大楼及伊藤久大楼内的多数业主们。这是建筑物在2008年准备完工时发生的事。

作为办公设施建成的玻璃大厦包括了地上的9层店铺。该大厦造成投诉的原因是设在道路南侧的大厦正面玻璃产生的光反射。

玻璃大楼的建筑业主是EAST WING，这是专门为玻璃大楼而成立的公司。问题发生后，作为都市法人（在2008年8月民事再生手续生效开始决定的）子公司担任资产管理。基本设计由cdi（东京都港区），实施设计及施工由东急建设各自负责。

如闻其名的建筑正面镶嵌的玻璃，是玻璃大厦的最大的特征，外观看是三角锥形上下并排的履带状排列，表层玻璃是对垂直面与水平面相对复杂的倾斜设计的展现。

可以看出，设计理念是考虑到客户所追求像cdi曾着手设计的东京涉谷区内的The Iceberg*那样的建筑意向。追求的是不重样的

---

* 直译为"冰山"，前卫建筑，其外形如巨大的冰山的玻璃建筑。——译者注

玻璃配置带来的表层的光辉感。

投诉的确是预料之外

　　由于是大量使用玻璃的设计。在基本设计阶段对建筑内的温度环境进行了模拟等确认。在此阶段，为了抑制室内温度上升减轻空调负担，成立了透明钢化热反射复层玻璃和透明钢化复层玻璃等组合运用的规划。

　　负责建筑物的资产管理的公司和东急建设，因为没能回应对此案件的采访，所以实施设计以后建材的检讨过程以及对反射的分析状况等不明了。仅从外观看，建筑物没有用所谓"镜面玻璃"那样呈现金属风貌的材料。实际采用的热反射玻璃，也可能是透光率较大。

普通的楼层平面概要

基于多数的房地产公司在网上公开的房屋布置信息由日经建筑制成

布置概要图

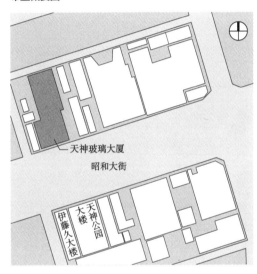

所用的都市法人的决算说明材料是通过2007年开设的福冈事务所和同一集团的从事九州业务的介绍。也举出了天神玻璃大厦

业主一侧在计划建设天神玻璃大厦时，作为参考的The Iceberg，该建筑在东京涉谷区内

无论怎样，玻璃构筑的形状复杂的外墙，给对面建筑造成了对水平面平缓角度的反射光。

玻璃大厦附近又有其他的带有玻璃外立面和窗户部位的建筑与之相邻，这些建筑也发生了光反射现象。不仅如此，导致前述玻璃大厦问题的另一原因，被认为是有复杂角度的表面的反射的影响比其他建筑物的更明显。

在cdi担任董事的吉川博行回顾道，"我们对建筑物内部环境做过多次的讨论，但外部反射而引起投诉却是完全没有想到"。

之后他对原因做了如下说明，"到现在为止，盖了很多玻璃大楼，没有出现过投诉。The Iceberg在施工中，其对面美容院也只有对施工办公室说过，到黄昏时有点晃眼而已。在当时只是特定时间有点晃眼，没什么大问题"。

1 为防止反射光，想出了在后面的天神玻璃大厦西侧表面贴膜和设置移动式幕布的对策。这是在2009年11月25日下午3点左右拍摄的照片；**2** 同一日上午11点刚过时拍摄的东侧表面，没有像西侧那样的贴膜，日照射形成镜面反射（彩图见文后彩图附录）

可能要长期面对

日经建筑在2008年3月，采访都市法人，询问了设计时的考虑等。该公司的宣传负责人在当时开场白用"详细的内容还在确认中"这样的话回答我们的。"面向大厦之间有宽度40多米的道路，光反射是影响不到的"。

这样，因反射导致事故的发生，结局就是由玻璃大厦方提出防止反射的对策。例如，在一二层设置移动式幕布房檐、受西下日头的影响的玻璃表面，为防止反射进行贴膜。

对于解决的效果来看，听说在玻璃大厦对面的两栋大楼里工作的租赁人员对现在光反射的问题没有出现不满现象。

但是，贴膜的对策还是存在耐候性的问题，这是必须要长期应对的。一时发生的反射问题从根本上解决是比较困难的。

防反射用的贴膜粘贴的部位扩大处

[审判案例] **大阪市内的店铺兼住宅**

败诉的建筑业主外装改建

有围绕着对面的建筑物发生光反射而要求赔偿损害的纷争官司事例。
1998年的判决，至今还作为参考，
因为反射引起的纠纷而认定是建筑业主一方的责任，
命令其赔偿损害和外装改造。

刺眼

大阪地方法院在1986年3月下达了判决。那就是对提出诉讼的吴服商店的店主"由于对面楼房外墙壁等产生的光反射影响了营业"的主张而认可的审判案例。

裁判的主角就是在大阪市福岛区内建设的店铺兼住宅的建筑，其对面是叫"松美屋"的吴服商店。被告方1980年在吴服商店间隔着3～4米宽的道路的位置上建起钢框架结构的4层建筑。吴服商店是2层木结构建筑。

原告以被告建造的建筑物产生光反射妨碍了生意为理由提起申诉，要求对方拿出防止光反射的对策。

经营松美屋的德田晴男对裁判提出了如下连带的主张。"商品被晒得发黑"，"为防止被晒，在店面周围全部用防晒幕布遮挡，但看起来像要关门的样子，导致业绩下滑"。因此对被告提出要求赔偿400万日元的损失和对外墙壁进行抑制光反射的工程施工。

被告一方提出了反驳，"原告的店铺是面向西北方向的，在建筑完工前就一直被西下日头照射着。商品是受到自然光损害，与我方建筑的关系不太大"。

并且申诉道，"使用的玻璃和瓷砖的材质也是一般使用的材料，对其使用和选择是妥当的，没有违法的东西"。

大阪地方法院认可了原告提出的要求被告进行对策施工和赔偿损失的责任。但是，损害的赔偿金额减少为90万日元。法院认定的事实和判决的理由有如下的通告。

被告的建筑物南侧的外墙壁的瓷砖和玻璃窗产生的光反射使原告店铺内看上去带点红颜色。原告的店铺为防止日晒而设的幕布使用时间过长，晴天在外面看里面存在看不清的状况，因此，来店的客人就不进来了。幕布使用时，店内还有带点红颜色的时候、产生的色差、客人不来等，使营业受到相当深刻的损害。

再加上被告的建筑物关于容积率和建筑面积率、道路斜线限制违反了建筑基准法。如果是符合法律规定的建筑的话，可能会使光反射引起的问题有所减轻。

防止光反射而进行的改建可能会改变建筑外墙壁的颜色，但是，如果行使该权利对他人的利益形成损害的话，这样的权利是被限制的。

基于这样的判断裁决之后，被告方对建筑物进行了改建。

内装

*TVOC是指总挥发性有机化合物。——译者注

[事例] 纹别市立小向小学校

水性涂料潜伏的死角

在刚建成的学校里，
有10名学生3名教职员工控诉身体不舒服。
仔细调查之后得知，考虑到安全性而使用的水性涂料中含有的
化学物质扩散到了室内。

损害健康

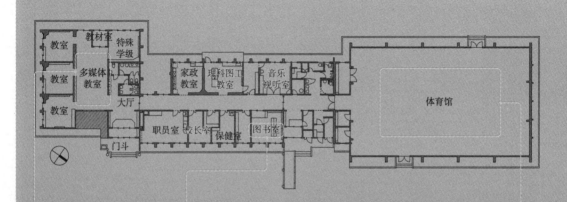

1 图书室。2007年7月至8月检测时，检测出十二碳醇酯比其他的化学物质的浓度高很多；2 多媒体教室。整个小学，在化学物质检测等的对策上需要花费将近500万日元；3 体育馆。小向小学校的事业费约3亿9900万日元（本页的照片来自北海道立卫生研究所）

确定室内装修综合征等的原因越来越困难。显示这个现象的一个例子就是在北海道纹别市立小向小学校发生的危害健康的事件。2006年11月建成的新校舍里，截止到2007年2月有10名学生3名教职员工控诉有怀疑是室内装修综合征的症状。这是自从1月中旬开始使用建筑物以来约半个月后的事情。

建筑物竣工后的2006年12月，在检测学校环境卫生基准里规定的6种化学物质的时候，每一项都是在标准以下。在那之后，打开暖气在促使化学物质扩散的时候又做了检测等，但是在厚生劳动省规定了标准值的13种化学物质中，并没有检测出超过标准值的物质。

市里不能掌握原因，就找到了北海道立卫生研究所来商讨。该研究所从2007年6月份开始扩大检测对象，对空气的质量做了调查。该研究所使用高性能的机器分析的结果是，十二碳醇酯和甲基吡咯烷酮与其他化学物质相比放散的浓度高很多。在6月份的检测中，分别检测出体育馆中央位置有1024μg/m³的甲基吡咯烷酮，图书室有292μg/m³的十二碳醇酯。

检测结果 | 小学校检测出水性涂料内含有大量化学物质

使用新建成校舍的学生和教职员控诉有怀疑是室内装修综合征症状的北海道纹别市立小向小学校。建筑物竣工后的2006年12月在检测图书室和多媒体教室等的空气质量时，文部科学省设置了标准值的6种化学物质的浓度都在标准值以下。

接受市里委托的北海道立卫生研究所于2007年6月，扩大了化学物质的测定对象，对空气质量进行了分析。结果，十二碳醇酯和甲基吡咯烷酮的浓度很高。在室温约20~25℃的6～9月里实施的检测中，检测出甲基吡咯烷酮最高达到1024μg/m³，十二碳醇酯最高达到508μg/m³。图书室和体育馆里浓度还有更高的倾向。

无论哪一个都是水性涂料中含有的成分。小向小学校里，使用了多种含有这些化学物质的水性涂料，喷涂在各个房间的墙壁等位置。在作为基底上色用的涂料中，混合了1%~5%比例的十二碳醇酯。中、上层的涂料里使用了含有十二碳醇酯和甲基吡咯烷酮各1%~5%的产品以及含有十二碳醇酯的产品。

该研究所验证出水性涂料中含有的两种物质有从喷涂面挥发的倾向。所以，我们得知十二碳醇酯和甲基吡咯烷酮在低温下不容易挥发，有长期残留在喷涂表面的危险。

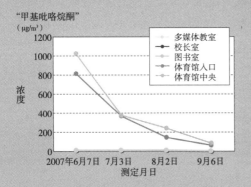

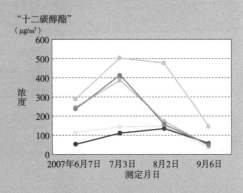

北海道立卫生研究所的调查结果。基于该研究所的资料由日经建筑制成。测定时的室温一直保持在20～25℃前后（彩图见文后彩图附录）

该研究所健康科学部生活保健科长小林智,对检测的难度做了解说:"民间的一些调查公司,要在没有任何目标的状况下检测出这些物质,对于考虑到检测机器和成本等问题是很难的吧"。

包含新检测出物质的一些建材通过MSDS(产品安全数据条)确认时,得知水性涂料中含有十二碳醇酯和甲基吡咯烷酮。在国内大型厂家F☆☆☆☆标示的产品中这些化学物质,起着增膜助剂等作用。据说这种物质不只是在特殊的水性涂料中使用。

在7月和8月也多次进行了检测,这两种物质的浓度一直是很高的状态。有的房间的十二碳醇酯浓度最高达到了508μg/m³。与学生们新搬到的替代用的建筑物的空气质量相比,这些物质的浓度也是很高的。再加上替代用的建筑物,能够对学生等的健康危害起到一定抑制作用。因此,该研究所判断这些化学物质对健康带来的危害很大。

仅仅机械换气是有限的

近几年,甲苯和二甲苯等不作为溶剂来使用,为提高安全性使用水性涂料的频率正在提高。担任小向小学校的设计的二叶设计事务所的小仓治郎代表做了如下解释:"迄今为止在设计的很多建筑里都使用了水性涂料。但一次都没有发生过像小向小学校的事故。听到发生了危害健康的事情时,我认为是建筑物以外的原因"。

小向小学建成后的化学物质浓度检测时的数值

化学物质名称	各房间的检测值(ppm)			标准值(ppm)
	多媒体中心	图书室	体育馆	
甲醛	0.01	0.01	0.02	0.08
甲苯	0.01	0.02	不到0.01	0.07
二甲苯	0.02	不到0.01	不到0.01	0.2
对二氯苯	不到0.01	不到0.01	不到0.01	0.04
乙苯	不到0.01	不到0.01	不到0.01	0.88
聚苯乙烯	不到0.01	不到0.01	不到0.01	0.05

标准值是基于文部科学省对学校环境卫生标准设定的数值。在2006年12月18日至19日检测的。检测时的温度是5℃。是向纹别市取材由日经建筑制成

该小学校中采用的是第一种换气。在设计的各个房间每小时的换气次数为0.47~3.04次,这是高于建筑基准法中规定的每小时0.3次的。

但是,这个换气在校舍完成后不久迎来的年末年初中并没有使用。并且小林提出了以下问题:"使用校舍初期的时候,冬季气温很低,化学物质的挥发量很少。从开始使用就打开暖气的结果是迅速加剧了挥发量。仅仅是机械换气对空气质量的改善是有限的"。

发生事故之后,市里开始打开窗户换气。暑假时强制加热,来挥发化学物质。结果就是在2007年9月监测出的TVOC(总挥发性有机化合物)的浓度最大下降到了204μg/m³。

即便如此,2008年4月校舍才能够正式使用。纹别市教育委员会的设施科长佐佐木隆之回顾说:"在短时间内通过入住校舍,一边确认对健康的影响,一边慎重对应"。

类似事例 | TVOC浓度明显但是原因不明

熊本学园大学在2009年4月28日发表说，在该大学14号馆怀疑发生了室内装修综合征。14号馆是2007年3月建成的，同年的9月学生开始使用。建成后断断续续采取了开窗等措施，但是并没有启动24小时换气。

对该大学的344名学生和职员等使用者做问卷调查时，有39人提出有身体不适。发生事故之后，对建筑物室内空气的化学物质浓度做了检测。结果发现文部科学省规定了标准值的6种化学物质一直不达标。另外，厚生劳动省暂定目标值为400μg/m³的TVOC最高达到983.7μg/m³的房间。

担任14号馆设计的野中建筑事务所的野中晖夫代表做了如下说明："根据使用的实际情况来看，是选用了没有问题的建材。如果初期的换气能够更彻底一点就好了"。另外，该大学14号馆问题对策室的坂本正委员长很挠头地说："内装等都想要更换。但是不清楚原因"。

熊本学园大学14号馆的外观。为了换气而开着的窗户。建筑物获得2007年熊本艺术建筑（KAP）推进奖

关于熊本学园大学14号馆的讲义教室145E空气质量检测结果

	2007年 9月26日	2008年 2月22日	5月21日	8月11日	12月11日	12月29日	2009年 4月16日
外面气温（℃）	31.0	12.4	24.1	35.5	14.8	12.0	22
TVOC（μg/m³）	813.0	247.4	983.7	311.0	63.0	131.0	14

2008年12月29日的数据是改善换气和温度差换气实施后的检测数值。　是超出厚生劳动省认定的暂定目标值400μg/m³的部分

[分析·对策] 室内空气质量的安全

TVOC的管理动向

为了控制室内空气中TVOC（总挥发性有机化合物）浓度
研究正在展开。
日本建筑学会也以TVOC为目的制定了基本规范。
防止健康危害的对策有了很大一段的进步。

损害健康

在第150～153页介绍的两所学校的事例中，有预想之外的化学物质的存在可能会招致健康受到危害，以及其特定的难度浮现了出来。

为了对应这样的状况，一直在进行研究的千叶大学就是该降低化学物质风险的项目的主导。

该项目是以千叶大学为中心，建设公司和住宅厂家、建材厂家等协助开展的研究。

作为研究的一环，受建材厂家等的协助，使用化学物质的挥发量少的建材和器材房间，建在千叶大学环境健康领域科学中心内。一年四季检测空间的空气质量。

在这里，实现了将室内空气中的TVOC（总挥发性有机化合物）的浓度控制在最大 $250\mu g/m^3$。

在确认能降低化学物质性能的教室内部的化学物质浓度的年间推移　　　　　　[单位：$\mu g/m^3$]

化学物质名称	检测时期和室内温度条件						标准值等
	2007年 11月 (13.2℃)	2008年 1月 (6.9℃)	5月 (21.1℃)	7月 (29.9℃)	10月 (20.7℃)	2009年 5月 (23.3℃)	
甲醛	1.4	ND	ND	3.3	ND	ND	100
甲苯	ND	ND	1.1	ND	ND	ND	260
二甲苯	4.9	ND	1.5	ND	2.5	ND	870
对二氯苯	ND	ND	ND	ND	ND	ND	240
乙苯	11.1	ND	0.6	ND	ND	ND	3800
聚苯乙烯	1.5	ND	0.5	ND	5.0	ND	220
TVOC	71.0	42.9	52.9	258.3	93.8	22.3	400

在降低化学物质风险项目里设置的教室内检测的结果。基于千叶大学的资料和取材由日经建筑制成。用"标准值等"表示的数字，除了TVOC之外的关于6种化学物质是厚生劳动省公布的标准值以及文部科学省的学校环境卫生的标准来确定的数值，关于TVOC是根据厚生劳动省公布的室内空气质量里记载每一项的暂定目标值。ND是甲醛小于 $1.0\mu g/m^3$，其他的五种物质是小于 $0.5\mu g/m^3$。

墙和顶棚

"壁纸"
丽彩（销售）／低TVOC壁纸（环保型）
1196日元／㎡（参照设计价格）
"粉系列胶粘剂"
壁纸的开发由阿基里斯和关东皮革、龙喜陆工业共同实施。底层用标准型石膏板和合成树脂粉末泥子，接缝黏合剂、GL工法胶粘剂施工

地面

"长幅塑胶地板"
龙喜陆工业／龙丽屋无色、4450元/㎡（参照设计价格）
"丙烯树脂乳胶胶粘剂"
龙喜陆工业／龙水泥 环保、400日元/㎡（参照设计价格）
合乎行政机关为中心实施的绿色采购要求，地面使用的缓冲材料是PVC的回收再利用材料。回收再利用材料容易混进不纯物质，所以这部分化学物质的挥发量有一点多

换气

"第1种机械换气（带全热交换机能）"
2009年5月检测的换气回数是每小时1.91次。设计值是每小时3.85次。对于实际换气回数比设计值回数少这点来看，千叶大学环境健康领域科学中心的花田真道分析："或许是受到管道的拥堵或过滤器的堵塞等"。

铝合金门

YKK AP／YE-70（环保型）

长桌

伊藤喜／HM（环保型）
桌子等在搬入教室前后的空气质量进行比较，化学物质浓度根本没什么变化

白板

伊藤喜／白板

椅子（堆叠椅）

伊藤喜／MANOSS

铝合金窗框

YKK AP／xm70s（环保型）

隔热

"现场聚氨酯泡沫"
Achilles ／Achilles 空调FR-NF、3000日元/㎡（25mm厚）（参照设计价格）
RC造的建筑物的外面送气的三面施工

降低化学物质风险项目中开发和检测教室的内部情况。除了以上使用的建材等，连胶粘剂的使用量也受到控制，降低了化学物质的浓度，也考虑到了维修。地面不使用润滑剂，是可以用水擦的，脱鞋使用（照片：连同下一页都是泽田胜司）

作为减低化学物质风险的研究活动中心设施而建设的主题栋（照片左侧）和3栋组装式研究室。主题栋2层设立了消减化学物质的教室

1 设想的单元客厅。墙和顶棚使用内涂硅藻泥的面板。该研究是2008年度国土交通省的住宅和建筑关联先进技术开发资助事业采用的项目；**2** 预制装配式构造的3栋组装式研究室是设想成寝室；**3** 用在厨房里的不锈钢制的整体厨房。顶棚材料和墙壁材料张贴壁纸（彩图见文后彩图附录）

确认性能的空间是教室。文部科学省在《学校环境卫生的标准》中规定的6种化学物质的空气中浓度，经过一年测试小于标准值。以100物质以上为对象的TVOC浓度的最大值为258μg/m³。低于厚生劳动省以室内空气质量目标为暂定目标值的400μg/m³。

在研究中，以房间整体作为一体来评价。在将研究成果推广到实际的建筑物中时，增加检测过空气质量的房间的种类是不可或缺的。所以在项目中，也开设了抑制TVOC量的客厅和厨房等的房间。检测在进行中。

整理TVOC检测方法的动向

出于对安全的考虑，包含住宅在内的各种场所使用的水性涂料，被认为是引发事故的原因。通过纹别市立小向小学的例子（参考第150页），千叶大学的森千里教授警告说："完成对特定化学物质的规制以及产生使用代替物质的建材，没有弄清楚新的化学物质对人体影响的情况很多。所以对包含代替物质在内的化学物质整体的削减，才是从根本上解决的对策。"

在本文开头介绍的减少化学物质风险的项目中，通过抑制TVOC，力图尝试大范围减少化学物质。

但是，TVOC的规制不是万能的。举一个检测的例子，现状中检测室内TVOC时的条件和方法等并没有细节上的规定。

即使如此，完成课题的动向也出现了。例如，日本建筑学会在2010年3月公布了涵盖TVOC测定对象和测定方法等的标准。

考虑到业主寻求空间的多样性，在降低

化学物质的研究中，性能的确认只靠建筑物的样板房来完成是很难的。

—

换气和业主的把握也很重要

—

为了防止化学物质对健康的危害，与抑制化学物质不同的方法也是不可或缺的。例如，确定建筑物使用者的体质和健康状态等的信息后再开始设计是一个方法，订购住宅时，事前确认建筑物使用者的话，应该也是有效的方式。

这可能会有帮助，就是能够在网上诊断对化学物质的敏感性的软件。在降低化学物质项风险项目里研发，输入自己发觉的症状等，能够确认对化学物质有所顾虑的必要性。在设计之前如果能够把握住这些信息，就容易向高危险的人群说明并采取对策等。

第150～153页介绍的熊本学园大学和小向小学校，就是建成后没有坚持24小时换气。虽然事故的主要原因不仅局限于这个事实，但是重新确认对换气的考虑也是有必要的。从建设开始就考虑换气，交接时仔细向业主指导换气也是很重要的。

如果建筑物在寒冷时期建成的话，要记住在完成后立刻使用暖气时和最初迎来的夏天，会有大量的化学物质从建材等处挥发出来的危险。事前使用暖气也是确认化学物质存在的方法。

对F☆☆☆☆等品质部分记载的标签不能只是盲目相信，也要知道建材的特性和换气的重要性等。为了改善室内空气质量，这样恢复本质的事情被建筑实务者再次提出来。

建筑学会规定了TVOC浓度的标准

日本建筑学会在2009年8月4日，召开了展示关于室内空气中的化学物质浓度的标准方案等的研究发表会。在这次同学会上，提出了对乙醛和甲苯、TVOC(总挥发性有机化合物)的室内空气中关于浓度等的标准方案。在该规定标准方案中基本标准在2010年3月刊发。

TVOC的标准中，检测TVOC的范围定位为沸点在50～260℃的VOC(挥发性有机化合物)。浓度的暂定指标值与厚生劳动省表示的数值相同,设定为400μg/m³。

可以简单判定业主体质的软件

减少化学物质风险项目就是消费者自身上网，只是回答简单的问题，就能够判断考虑化学物质风险的必要性高不高,这个开发的软件叫作"化学物质必要度测试"。

将美国开发出的环境暴露和敏感度的问诊单以及以往经历的问卷组合来判断。对于香烟的烟和杀虫剂等，是不是会出现恶心或头晕等症状,对化学物质是不是会产生痉挛等问题。这个程度分为10个阶段来回答。完成回答之后马上就能得出判断结果。

这个判断软件不是诊断是否是室内装修综合征。即便如此，住宅的业主们使用软件如果对化学物质的体质能够把握的话，就容易与设计者之间开展对化学物质的充分议论和探讨。

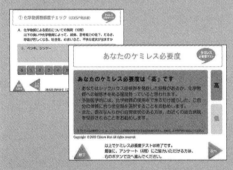

研发的"化学物质必要度的测试"提问的画面(上)和判断画面。从http://check.chemiless.org/链接可能

损害健康

[分析·对策] 应对各类化学物质对策的课题

建筑基准法的界限

寻求室内装修综合征的对策就是通过修改建筑基准法，
也就是F☆☆☆☆的建材普及等有一定的效果出现。
但是不能用法律全面覆盖的
新的问题也开始出现了。

通过2003年7月实施了修正版的建筑基准法，F☆☆☆☆的建材急速普及起来。日本纤维板工业会和日本三合板检查会在2004年1～12月对各个会员生产的建材做了调查，F☆☆☆☆产品的比例，占了各种建材总生产量的七八成。用于内装的地板材料中，有99.1%是F☆☆☆☆的产品。

对于已经完工的建筑，建筑基准法带来的效果也做了调查。根据国土交通省在2005年5月公开发表的《室内空气中的化学物质浓度的实态调查》发现，修改版建筑基准法实施后开工的住宅中，特定化学物质的浓度确实是减少了。

列举甲醛的例子，平均浓度与2003年度相比降低了35%。其他的化学物质的平均浓度也比厚生劳动省的指标值大幅下降了。

即便如此，超过厚生劳动省规定的标准值的住宅并非没有。并且，在国土交通省的

国土交通省进行的室内空气中的化学物质浓度的调查结果

化学物质的种类和指标值		2000年度	2001年度	2002年度	2003年度	2004年度（分2003年6月以前开工）	（分2003年7月以后开工）
甲醛（指标值＝0.08ppm）	平均浓度	0.073ppm	0.05ppm	0.043ppm	0.04ppm	0.032ppm	0.026ppm
	超过住宅的比率	28.7%	13.3%	7.1%	5.6%	2.6%	1.3%
甲苯（指标值＝0.07ppm）	平均浓度	0.041ppm	0.023ppm	0.017ppm	0.017ppm	0.002ppm	0.004ppm
	超过住宅的比率	13.6%	6.4%	4.8%	2.2%	无	0.7%
二甲苯（指标值＝0.20ppm）	平均浓度	0.006ppm	0.009ppm	0.005ppm	0.004ppm	0.001ppm	0.003ppm
	超过住宅的比率	0.2%	0.3%	无	0.1%	无	0.3%
乙苯（指标值＝0.88ppm）	平均浓度	0.01ppm	0.005ppm	0.003ppm	0.004ppm	0.000ppm	0.001ppm
	超过住宅的比率	无	无	无	无	无	无
聚苯乙烯（指标值＝0.05ppm）	平均浓度	未实施	0.002ppm	0.001ppm	0.000ppm	0.000ppm	0.000ppm
	超过住宅的比率		1.1%	无	0.1%	无	0.1%
乙醛（指标值＝0.03ppm）	平均浓度	未实施	未实施	0.017ppm	0.015ppm	0.015ppm	0.019ppm
	超过住宅的比率			9.2%	9.5%	7.9%	10.2%

基于国土交通省在2005年5月10日公开发表的《室内空气中的化学物质浓度的实态调查的结果》。对建成1年以内的住宅进行调查。由于该省公布的数据合计有些错误，与2004年度的数值在5月发表的内容有所不同

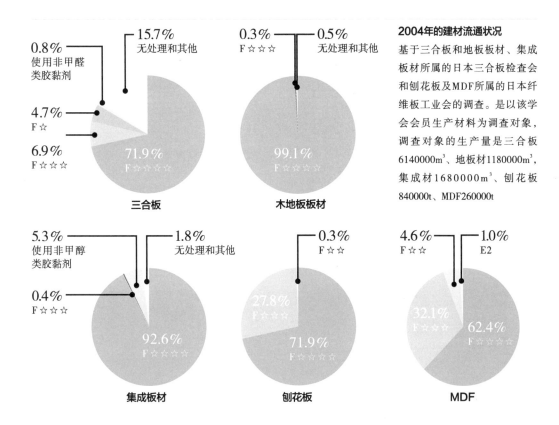

2004年的建材流通状况

基于三合板和地板板材、集成板材所属的日本三合板检查会和刨花板及MDF所属的日本纤维板工业会的调查。是以该学会会员生产材料为调查对象，调查对象的生产量是三合板6140000m³、地板材1180000m³，集成材1680000m³、刨花板840000t、MDF260000t

调查中，我们了解到居住环境中感觉受到化学物质影响的人并没有减少。"住进建成1年以内的住宅后感觉像是化学物质原因使身体发生了变化"这样回答的人的比例在2000年度到2004年度的5年间，是11%~14%，基本上是持平的状态。原因不仅仅局限于室内装修综合征，恐怕还存在因为室内装修综合征等而苦恼的人数没有减少。

F☆☆☆☆的表示动摇了大家信赖

不符合指标值的住宅和控诉身体发生变化的人的存在是一个原因，建筑基准法规定的建材和换气的不完善被列举了出来。因为建材和换气的事故，直到现在都还存在着。

例如，以F☆☆☆☆表示的集成材料释放出过多的化学物质的例子，居住在奈良县

大和郡山市的27岁男性，2005年6月发生了请求国家公害等调整委员会做出原因裁定的事件。男性认为由于2004年4月在大阪市的皇家家居中心购买了集成材料，引起了化学物质过敏症。

家居中心一方在2005年2月对店里存货的甲醛的释放速度做了调查，释放速度为$8.2\mu g/m^2h$。这样超过了F☆☆☆☆要求的在$5\mu g/m^2h$以下的标准。

作为NPO的法人，进行化学物质的浓度测定等的室内装修综合征对策研究会的片仓宏理事长指出，"对F☆☆☆☆建材释放的化学物质的调查发现，建材的品质有很大的差异。不是所有的商品都达到了标准的品质"。

该研究会的试验中，因为是将小型的空间封闭24小时的状态下测定的扩散浓度，所以不能单纯地与厚生劳动省的指标值等相比较。

新建住宅里感到身体有变化的人的比例

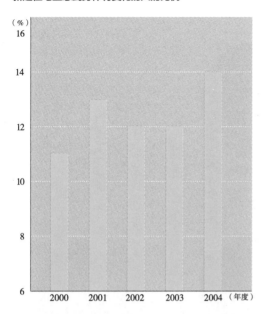

新建1年以内的住宅里居住的人中"认为是由于化学物质原因而感到身体变化"的人的比例。基于室内空气中的化学物质浓度调查和同时由国土交通省实施的问卷调查结果

从F☆☆☆☆的地板材中释放出来的化学物质浓度的调查结果

[单位：μg/m³]

化学物质名称	A公司	B公司	C公司	D公司	厚生省的指标值
甲醛	163	679	43.3	13.8	100
甲苯	35.6	21.9	47.9	14.5	260
乙苯	24.4	6.1	10.1	4.2	3800
二甲苯	24.9	9.9	17.2	12.9	870
聚苯乙烯	1.6	0.3	92.9	1	220
乙醛	149	88.6	137	6.2	48

这是NPO法人室内装修综合征对策研究会在2005年9~10月里的调查结果。会员企业利用通用品使用小室法进行检测。JIS认定小室法是以每小时0.5±0.05次换气进行检测，该研究会是在封闭24小时的状态下测定的扩散浓度。小室的空间容量对应的试验材料大小所显示的实验材料负荷率为2.2 m²/m³。超出厚生省的指标值的数字用红色标记

即使如此，例如与4种F☆☆☆☆的地板材料相比较，甲醛的释放浓度中，最小值和最大值之间约有50倍的差距。再加上，片仓理事长警告说："也检测出了在建筑基准法中没有规定的苯等化学物质"。

—

卫生间没有换气的家里也是

—

在日经建筑实施的问卷调查结果中，知道建筑基准法中规定有义务设置24小时换气设备的消费者只占25%。住宅改装和纷争处理支援中心咨询科的小椋利文科长叹气地说："提到'由于太冷关掉了'、'太吵了关掉了'等的人不少"。

相反，换气的义务也有招致误解的情况。松下环保系统对应客户咨询的咨询中心广石和朗所长介绍了如下的事例。"为了排出香烟的烟，建筑基准法中规定的每小时0.5次的换气是不充分的。有必要每小时换气10次左右。但是，有吸烟的居住者省去换气的例子也越来越明显，甚至厕所里不安换气扇的家也开始有了"。

换气只考虑图纸上的标注，而维持管理很困难的设计也是有的，广石所长吃惊地说："也有为了清扫二层换气扇的吸气口，不得不从一层架梯子的情况。"

—

连钢琴和笛子都换了

—

只靠着建筑基准法着眼于建材和换气不能覆盖的事故也在发生。在神奈川县立保土谷高中，2004年9月到10月在屋顶上进行了聚氨酯涂膜的防水工程，没想到遭受了危害。

施工中，从音乐室等就开始有控诉存在恶臭的声音。但是，工程中窗户一直开着，进行修复工程的丸山工业（横滨市）和县里判断气味是从外面进来的。"过段时间就好了"（丸山工业的丸山好清社长想到）。

之后，为了回应对恶臭的指责，县里反复的对化学物质浓度做了检测，但是没有发现异常情况。

判断为建筑内的异常情况的是，在2005年4月再次出现控诉恶臭的声音。县里在4月28日进行检测，二甲苯的浓度超过厚生劳动省的指标值870μg/m³的上限，达到了1000μg/m³。

究其原因是底层处理用的有机溶剂从楼板渗透进来了。施工前虽然对宽约2mm的裂缝进行了修复，但是在楼板上还存在细小的裂缝和小孔。

发现建筑异常情况的县里，同年7月开始对校舍进行改造。在楼板的下面设置吊顶，天棚内部和教室里各设置了换气设备。不仅是结构的改造，黑板和灯具也进行了更换。并且更换成甲醛的扩散量少的旧钢琴，还有更换学生个人所有的笛子。

县教育委员会教育财务课的石渡真澄课长代理强调说："也有只是清扫就能解决的部分，考虑到父母和学生的心情，连内装材料和道具也进行了更换"。到此为止的对策花费的费用约5700万日元。当初的防水工程费用为280万日元。

保土谷高中发生的事件的概要和对策

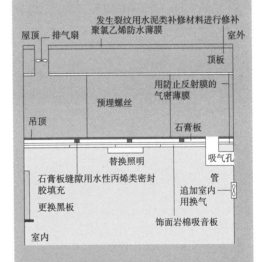

发生事故的结构

从屋顶顶板发生细小的裂缝和蜂巢处，处理底层用的防锈涂料浸透进去。防锈涂料里二甲苯含量约10%。侵入的防锈涂料到达顶板下侧张贴的木丝水泥板里，从石膏板的接缝进入的二甲苯在室内扩散开来

主要对策工程的概要

维修工程是安装顶棚吊顶，在顶棚和室内设置各种换气设备。拆除张贴在顶板的木丝水泥板。在顶板和顶棚吊顶张贴用防止反射膜的气密薄膜。屋顶上，对顶板发生裂纹处用水泥类的补修材料进行修补后，实施了聚氯乙烯防水薄膜

[分析·对策] 石棉和室内装修综合征认知度

危险是社会的常识

对300人的消费者实施了
关于石棉和室内装修综合征问题的问卷调查。
其结果就是对这些社会问题认知度和
知识的丰富性体现了出来。

损害健康

石棉和室内装修综合征问题被消费者认为是非常深刻的问题。通过日经建筑以一般的消费者为对象做的调查问卷结果，明确了从事建筑实际业务的人应该着眼的这种实际状态。

例如，对工作场所和学校、店铺等外出常去的建筑物的石棉使用情况的回答"关心"的达到了86.7%。对自家房屋和工作场所有没有能引起室内装修综合征的化学物质回答"关心"的人占69.3%。消费者关于石棉和室内装修综合征的询问一下子涌过来，但也不是不可思议的状况。

Q 是否关心工作场所和学校、店铺等外出常去的建筑物的石棉使用情况

关心
86.7%

不关心
13.3%

Q 是否担心有没有在建筑物内吸入石棉

有
49.3%

没有
50.7%

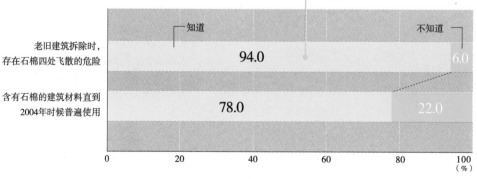

Q 关于石棉的下述事实是否知晓

拆除时的风险是世间的常识

	知道	不知道
老旧建筑拆除时，存在石棉四处飞散的危险	94.0	6.0
含有石棉的建筑材料直到2004年时候普遍使用	78.0	22.0

0   20   40   60   80   100
(%)

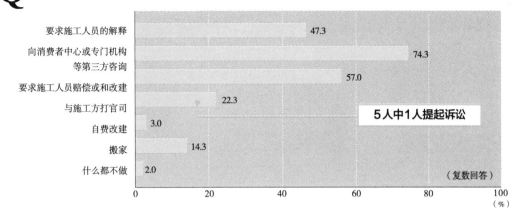

Q 当受到石棉危害的时候怎么办

- 要求施工人员的解释 47.3
- 向消费者中心或专门机构等第三方咨询 74.3
- 要求施工人员赔偿或和建 57.0
- 与施工方打官司 22.3
- 自费改建 3.0
- 搬家 14.3
- 什么都不做 2.0

5人中1人提起诉讼

（复数回答）

0　20　40　60　80　100（%）

第162~165页的问卷调查的概要

由调查公司INFO PLANT协助，于2006年2月7日至2月10日在互联网上实施的问卷调查。调查对象是20岁以上的成人，有效回答人数是300人。按照性别分为男性和女性各150人。按年龄分为20岁、30岁、40岁、50岁各有60人、60岁的51人、70岁以上的9人。对于室内装修综合征的问题，是否关心和回答者了解该方面的知识等从选择项目里选择答案里得到的结果

消费者不只是持有关心的态度。也要掌握石棉和室内装修综合征群的问题的实际情况。例如，回答者中有94%的人，知道在建筑物拆除的时候，存在石棉到处飞散的危险。建筑物拆除时的石棉对策，消费者对施工人员等确认的质问场面可能已经是很普通的事情了。

关于室内装修综合征问题，回答说了解建筑基准法对关于内装材料的规定的回答者达到了69.3%。半数以上的消费者也认识到家具等存在释放化学物质的危险。不能轻易预测说"自己是专家比消费者更了解石棉和室内装修综合征的事情"。

比起当事者来更依赖第三者

假定真的发生了事故的情况下，对于消费者的行为也做了询问。石棉问题和室内装修综合征问题中的任何一个场合，比起向有可能会招致事故的施工者等寻求说明，依靠第三方机构的倾向更强。

引起事故的话，消费者容易向施工人员摆出强势的态度。约半数的回答者认为"寻求赔偿和改建"。石棉被害中回答"提起诉讼"的占到了22.3%。

自己家的房子新建或改造时，询问为了健康增加的预算是多少时候，回答50万~100万日元为最多，达到了29.7%。回答超过100万日元的合计也超过了27.6%。另外，回答不增加预算的只有6.3%。

从这个结果我们可以明白，消费者认为为了创造能够保证健康的空间，即使花费一定的费用也没有问题。消费者的需求在实际业务水平中如何体现出来，设计师的能力不应该被问到么？

Q 对自己家里和工作场所因化学物质而招致的室内装修综合征是否关心

关心
69.3%

不关心
30.7%

Q 对成为社会问题的室内装修综合征什么时候知道的

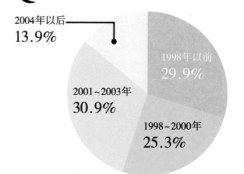

2004年以后
13.9%

1998年以前
29.9%

2001~2003年
30.9%

1998~2000年
25.3%

Q 知道关于室内装修综合征的事实吗

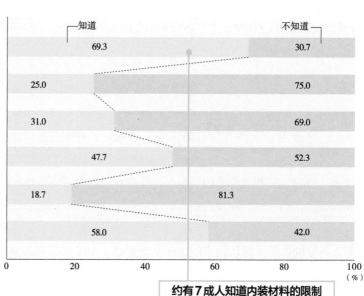

	知道	不知道
新建筑物可以使用的内装材料是受建筑基准法限制的	69.3	30.7
新建筑物设置能够24小时连续运转的换气系统是建筑基准法赋予的义务	25.0	75.0
化学物质的室内浓度的上限值作为指标值是指除了厚生劳动省指定了13种	31.0	69.0
学校设施作为对室内装修综合征的对策的设定标准比住宅严格	47.7	52.3
桧木和杉木等天然材料里也有超出标准的化学物质释放出来	18.7	81.3
建筑物以外的家电和电器制品等也有化学物质释放出来	58.0	42.0

约有7成人知道内装材料的限制

Q 当受到室内装修综合征危害的时候怎么办

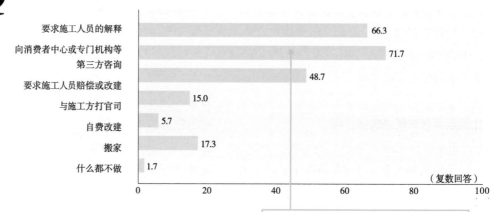

要求施工人员的解释	66.3
向消费者中心或专门机构等第三方咨询	71.7
要求施工人员赔偿或改建	48.7
与施工方打官司	15.0
自费改建	5.7
搬家	17.3
什么都不做	1.7

（复数回答）

不是施工人员而是依赖第三方的人多

Q 为了不扩大石棉问题，特别有效的思考对策是

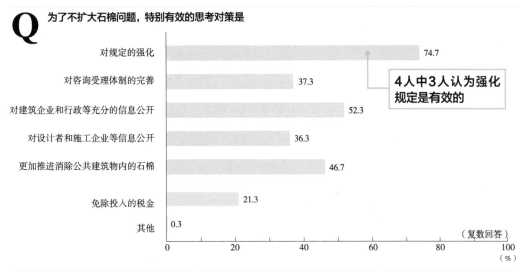

对规定的强化	74.7
对咨询受理体制的完善	37.3
对建筑企业和行政等充分的信息公开	52.3
对设计者和施工企业等信息公开	36.3
更加推进消除公共建筑物内的石棉	46.7
免除投入的税金	21.3
其他	0.3

4人中3人认为强化规定是有效的

（复数回答）

Q 为了不发生室内装修综合征问题，特别有效的思考对策是

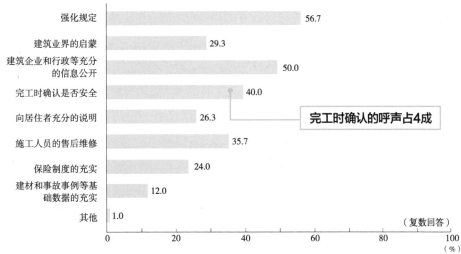

强化规定	56.7
建筑业界的启蒙	29.3
建筑企业和行政等充分的信息公开	50.0
完工时确认是否安全	40.0
向居住者充分的说明	26.3
施工人员的售后维修	35.7
保险制度的充实	24.0
建材和事故事例等基础数据的充实	12.0
其他	1.0

完工时确认的呼声占4成

（复数回答）

Q 自家住宅在新建或者改建时，为了健康考虑，可增加多少预算

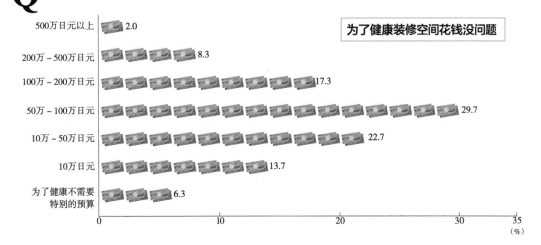

为了健康装修空间花钱没问题

500万日元以上	2.0
200万～500万日元	8.3
100万～200万日元	17.3
50万～100万日元	29.7
10万～50万日元	22.7
10万日元	13.7
为了健康不需要特别的预算	6.3

[审判案例] 横滨市内的高级公寓

空气质量的问题使居民胜诉

买入高级公寓因室内装修综合征受到危害，
居民状告住宅开发商而胜诉的判决，
是在2009年10月1日下达的。
这是没有前例的居民胜诉案件。

损害健康

东京地方法院在2009年10月1日，对DIA建设因建设和出售化学物质释放量多的高级公寓而判决认定其损害赔偿责任，需要赔偿约3600万日元。这是由室内装修综合征产生的住宅开发商一方的不法行为被法院认定，原告居民胜诉的极端没有先例的案件。

这次审判的是购买新建的高级公寓，入住后出现化学物质过敏症状的插图画家冈谷贞子在2004年向对方DIA建设提起的诉讼。要求赔偿约8700万日元的损失。

原告的代理人是从事律师工作的竹泽克己，他在判决公审后的记者见面会上进行如下的说明。"有关室内装修综合征的审判，认定居住者的健康受到损害，化学物质过敏症的患者一方胜诉这是首例案件"。

法院认定的事实如下所述。冈谷女士在2000年1月从DIA建设，买入了位于横滨市内的建设和出售的高级公寓，同年7月入住。高级公寓的设计是由桥本建筑设计事务所担任，施工由佐藤BENEC担任。

这时，入住不久就感到室内空气有异常臭味等，头痛和味觉异常等症状出现了。冈谷女士于2002年在北里研究所医院接受了化学物质过敏症的诊断，这之后症状又恶化，同年12月，重新租了半新的住宅搬家了。

同业者的活动也作为判断材料

冈谷女士从入住大约经过两个月时候开始，连续多次检测甲醛的浓度。入住经过两个月于2000年9月进行的检测结果是甲醛浓度达到了0.21ppm（厚生劳动省认定的指标值是0.08）。

之后的检测也是甲醛浓度高于厚生劳动省的指标值的情况持续着。东京地区法院作为鉴定的结果采用的是2008年10月的检测，是在$21 \sim 22 \, ℃$的条件下达到$83 \sim 86 \mu g/m^3$（同$100 \mu g/m^3$）。

成为问题的高级公寓，建筑材料的甲醛释放量是按照旧日本农林规格（JAS），采用的是F2等级（现在的F☆☆"两颗星"和F☆"一颗星"）的地板材料等。高级公寓建设时，现在的建筑基准法认定的室内装修综合征对策的规定还没有。

尽管如此，东京地方法院对于用F2等级的建筑材料这一点上，其事实和危害没有告知原告这件事情等认定是被告的过失。而且，基于DIA建设的不法行为判定其担负损害赔偿责任。被告的"建筑物在当年建设时F2等级的一切建筑材料都没有使用，这是建筑业界的共识。如果使用F2等级的建材，当然也不会是引发室内装修综合征的原因了"
所说的主张不采纳。

—

虽然判决胜诉了但救济没有

—

作为东京地区法院这样下判决的理由
是，建设当时，提出了已存在的甲醛危险性
作为社会问题讨论的要点，再加上，已经
强化指导过大型宅地开发企业F1等级（相当
F☆☆☆☆ "四颗星"和F☆☆☆ "三颗星"）的
建材使用方向性。

并且法院认可了建筑物与原告的化学物
质过敏症之间的因果关系。就是考虑到在搬
入超出厚生省规定的甲醛释放量指标值的高
级公寓后不久，就发现原告出现了化学物质
过敏的症状。而在搬入前居住的新建木造公
寓里没有室内装修综合征等设想的一些症状。

DIA建设在2008年12月开始进行民事再
审程序的申请立案，东京地区法院从2009年
7月认可受理再审计划。为此冈谷女士对于
法院认定的债权，没有得到6%的分配。

冈谷女士在记者会见时声泪俱下地说：
"虽然判决胜诉了，但不能治好化学物质过
敏症，有沉重的房贷压力，生活在烦恼的状
态下的日子明天还要继续，没有救济。"

协助这次判决的一级建筑师木津田秀
雄先生说，一方面对本次判决给予正面的评
价，同时也指出了"对于没有规定指标值的
化学物质引发的健康损害等问题，法院，审
判也变得很困难"。

高级公寓的化学物质浓度的检测结果

被告的房子被入住开始两个月后检测的结果

实行时期	2000年9月20日下午3点56分开始到当月21日下午3点56分结束	
调查机构	住宅改造和纠纷处理援助中心	
分析机构	BETTER LIVING	
检测方法	印章测试	
天气	晴	
检测场所	9席的居室	
温度	下午2点至3点的气温是25℃以上	
换气	无24小时换气装置。其他的换气没有使用。	
检测结果	甲醛 甲苯 二甲苯 乙苯	0.21 ppm 0.06 ppm 0.02 ppm 不到0.01 ppm

法院采用的鉴定结果

实行时期	2008年10月16日下午2点20分开始到当月17日下午3点10分结束	
分析机构	住化分析中心	
检测方法	动态法	
天气	多云	
温度	洋室1 洋室2	21.7 ~ 22℃ 21.4 ~ 21.7℃
湿度	洋室1 洋室2	57% ~ 58% 56% ~ 58%
检测结果 （甲醛浓度）	洋室1 洋室2	83 μg/m³ 86 μg/m³

[事例] **青森县立美术馆**

刺眼

白色调的空间招致老年人的不满

很多使用白色调的空间招致了一部分老年人
认为刺眼和认识性差的不满情绪。
如果是以广大的使用者使用方便为目的。
对老年人的身体特性的把握是不可或缺的。

光的反射不仅仅会对建筑物的外部产生影响。对于2006年7月开始对外营业的青森县立美术馆，从对外营业开始的那天起一直到现在，老年人提出了"刺眼""眼睛疲劳"等意见。

为了改善美术馆的运营，在2007年9月的"为了县民而建造的美术馆座谈会"首次集会上，上述意见也被提出来讨论。现在青森县立美术馆馆长鹰山云雀女士，在当初担任鹰山宇一纪念美术馆馆长的时候也参加了

1 青森县立美术馆的入口处。从设计阶段开始参与项目的该美术馆次长三好徹先生回顾说"使用白色调是完全尊重了设计理念"；**2，3** 该美术馆内的卫生间和电梯间（彩图见文后彩图附录）

那次座谈会，回想起那时的讨论，感叹道："一进入馆内就感觉很刺眼。为什么没有使用低反射的技术样式呢。在座谈会上，还有人提出难道不能换成别的颜色吗等意见"。

在2009年10月30日采访了来美术馆的50岁以上的参观者10人，有数人感觉"刺眼""眼睛疲劳"。而另外一方面，年轻人不但没有类似的意见，反而对空间的评价很高。

同年10月29日的座谈会上列举出的4～9月来访的参观者的部分意见中，同样的10～20岁的女性对白色房间的评价很高，但是60～70岁的女性指出颜色过于白而使眼睛很疲劳。

该美术馆是综合了建筑设计比赛中的393个提案，由青木淳建筑计划事务所担当设计。美术馆从毗邻的三内丸山遗址的挖掘现场中得到的构思，设计成在土槽中像有一个有凹凸感的白色建筑物覆盖在上面的感觉。内部空间是制造出黑色的土壤色和纯白

色对比的效果。

对外营业后，包括有定期展，企划展，租借展等，共有100万参观者来访，已成为青森县有名的旅游胜地。

有意提高厕所亮度

一部分的老年人者对白色空间感到不满意的原因，大致分为刺眼以及对边界处的辨认困难。和年轻人相比，原因是老年人的视力开始衰退。在这里面，感觉刺眼的主要原因有以下两点。

第一，由于以白色为基调的和以土色为基调的有些灰暗空间混在一起，两个空间共同存在而造成强烈对比。该美术馆的展示厅和通道处，地面和墙壁错综复杂地配置了土色和白色。因此，参观者在美术馆内需要不停反复调节视觉的明暗顺序。

第二，存在整面的白色空间。在该美术馆的展示厅、楼梯、厕所等处的地面、墙壁、顶棚存在整面都是白色的空间。在设计

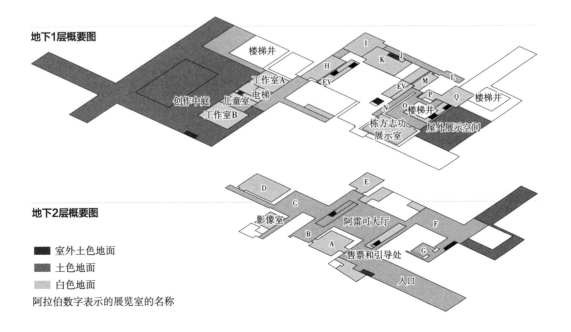

地下1层概要图

楼梯井
工作室A
电梯
创作中庭　儿童室
工作室B

I
H　K　J
EV　EV　M　L
N　O　P　Q　楼梯井
楼梯井
栋方志功　屋外展示空间
展示室

地下2层概要图

D　E
C
影像室　阿雷可大厅　F
B
A
售票和引导处　G

入口

■ 室外土色地面
■ 土色地面
■ 白色地面
阿拉伯数字表示的展览室的名称

阶段就参与了该项目的美术馆副馆长三好彻先生作了以下的推测。"在白色的展示厅中降低光线的亮度能有效地显示展品。一般情况下，都不会增强对展品的照射。因此，展示厅中不会感觉很刺眼。只是在厕所、楼梯、电梯里，这些日常生活中也存在的环境里，不仅整面都是白色而且照明很亮，参观者会对异于日常生活的光环境产生不协调的感觉。"

担任设计工作的青木淳建筑计划事务所的青木淳是这样解释的："电梯、大厅为首的不属于展示厅的部分也被认为是展示或者

主要房间的装修概要

房间名称	部位	样式
展示室Ⅰ（地下1层）	地面	彩色砂浆（白）钢抹子t20＋涂防尘漆（空隙）
	墙面	（合板15×2）＋PB12＋整面冷布泥灰处理＋EP（白）
	顶棚	合板12＋PB9＋EP（白）
入口（1层）	地面	彩色砂浆（白）钢抹子t20＋涂防尘漆（空隙）
	墙面	合板15＋PB12＋EP（白） （PB21×2＋合板15）＋PB12＋EP（白）
	顶棚	合板12＋PB9＋EP（白）
入口卫生间（1层）	地面	混凝土钢抹子压板＋粉刷环氧树脂
	墙面	硅酸钙板8＋瓷砖50方形 7厚 硬质PB9×2＋EP（白）
	顶棚	PB12.5＋EP（白）

EP（白）采用的是孟塞尔值N9.5的涂料。表中的是基于青森美术馆的资料由日经建筑制成

是表演的舞台。厕所是有意识做得很明亮"。他又接着说道："对于一部分人会感觉刺眼的事是预料之中。"

—

刺眼是实现意图的副产品

—

考虑到改善所需费用，青森县决定不做仅针对刺眼问题而进行内装改善。期待着年月流逝带来的颜色变化从而减弱光线的反射。现在依然存在对刺眼问题的意见，只是已经没有开始对外营业时那么明显。鹰山分析认为年月的流逝带来的颜色发暗是原因之一。三好认为还有其他好的效果。"为了节省能源而减少了厕所的照明，这也带来了一定的影响"。

青木在考虑老年人的视觉特性后，对这次的设计做了一个尝试。重视创造出一个与日常生活不同的空间，并针对反馈到美术馆的参观者的意见，做了以下的评价："有受到颜色的明暗刺激的人，也有在厕所感到刺眼的人，从某种意义上来说这是设计本意被得到正确实现而产生的副产品。"

但是，青木也告诫，类似的设计内容对美术馆以外的建筑物，比如说住宅等应慎重使用。

鹰山认为："消除使用者的不满是很重要的。应该对照明方案进行改善使光环境变得更好。"并且很振作地表示从管理设施的角度来讲，要使该美术馆变得更有魅力："年轻人对美术馆的评价很高，要利用好这点。青森县作为这个建筑物责任者，要努力地进行运营，提高对设施的评价。"

电梯

[事例] 竹芝城市公共住宅

电梯轿厢和顶棚夹住死亡

就那样开着门的电梯上升中发生了死亡事故。
有识之士聚集在一起调查的第三者委员会，
对事故原因判为制动失灵。
发生问题的电梯，在事故发生前就有类似的问题发生

夹住

"非常抱歉，给大家带来电梯是杀人凶器的印象"。2006年6月12日，迅达电梯公司首席执行官Roland.W.Hess 在东京赤坂的东京全日空酒店召开记者招待会，就东京港区发生的电梯死亡事故道歉。

事故发生在同年6月3日晚上7点20分左右。住在该港区出租楼竹芝城市公共住宅的16岁的高中男生被电梯夹住而死亡。

根据警察局的调查，高中生推着自行车从一楼上的电梯。电梯到了十二楼，电梯门打开，男生推着自行车倒退着准备出电梯的时候，电梯门未关上而开始上升。高中生的上半身被地面和电梯门夹住，留在了电梯

内。乘坐同一架电梯的女性打了报警电话，高中生被送往医院后9点33分死亡。死因是胸部和腹部受到挤压窒息导致。

该出租楼房为地下2层，地上23层的复合设施的住宅用楼房。1～8层是港区残疾人福利中心，9～10层居住着残疾住户15户，11～23层是区指定公共出租住宅，共有90户住户。该设施属于港区政府所有。住宅部分是由指定的港区住宅公社进行管理运营。

设施里有给残疾人福利中心用的电梯三台，住宅用的电梯两台。电梯都是由日本法人迅达电梯公司制造（东京都江东区）。住

1 2006年6月5日，为现场检证而进入有复合设施的竹芝城市公共住宅的警察局搜查人员（照片：细谷阳二郎）；**2** 事故发生9天后的2006年6月12日，电梯公司的干部们初次与记者见面，对情况开展的缓慢进行道歉。迅达电梯公司瑞士集团总部的首席执行官Roland W Hess（中间）和总经理Ken Smith（右）等出席

宅用的两台电梯的维护管理是由维修公司（S·E·C电梯）独自管理。

发生事故的电梯采用绳子式，能载1850kg，28人。分速105m的高速型类型。电梯的内部尺寸为，横宽1800mm，深度2150mm，出入口的高度2100mm。零部件的多数为日本制造，核心的零部件是由西班牙制造。

—

推测原因是"特殊的构造"

—

事故发生后，在社会资本整备协商会（国土交通大臣的咨询机关）设置的电梯事故对策委员会上，（委员长：明治大学教授向殿政男）总结了事故原因是由于制动失灵造成的。并于2009年9月8日向国土交通省做了报告。

在报告书里，得出了发生事故的原因是由于制动失灵的结论。带动刹车运作的电磁线圈出现了不良状态，使得制动器在被启动一半的情况下，继续运行，导致制动臂扣住闸皮被磨损而消耗。由此而推导出发生事故的时候制动器已经失灵，和平衡锤之间失去平衡，导致电梯急速上升的结论。

关于电磁线圈的不良状态，很大的可能性是制动器的自身运动使得线圈和出口的线发生接触后绝缘体剥落而发生短路。由此而推导出线圈配合着制动器的开关一起运动这一国内电梯"特殊的构造"是事故原因的结论。

发生事故的电梯和旁边的电梯经常发生电梯停留偏离指定位置，以及不能停止在指

报告书指出的推测事故原因
制动器开放时（彩图见文后彩图附录）

①制动器线圈的线卷在中途短路时，全部的制动器线圈电流不通

②螺线管发生吸引力（制动器开放的方向动力）变弱

③制动器开放时制动臂不能完全展开，电磁制动器半开状态下，闸皮与制动臂摩擦使之反复升降，闸皮进行着摩擦消耗

制动器运作时（事件发生时）（彩图见文后彩图附录）

④通过闸皮进行摩擦消耗，活塞的保持一侧的预备冲程变小

⑤活塞的保持一侧的预备冲程到变成0时，闸皮的摩擦消耗进行的结果，制动器与冲程限制器碰上，上述情况使制动器的保持一侧的不能运作。

⑥其结果就是制动臂被安装的闸皮不能扣住制动臂

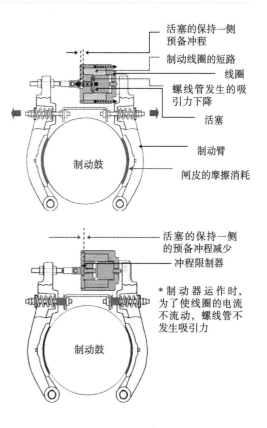

活塞的保持一侧预备冲程
制动线圈的短路
线圈
螺线管发生的吸引力下降
活塞
制动臂
闸皮的摩擦消耗
制动鼓

活塞的保持一侧的预备冲程减少
冲程限制器
*制动器运作时，为了使线圈的电流不流动，螺线管不发生吸引力
制动鼓

定的层数等等问题。根据港区的调查，发生事故的5号电梯和旁边的4号电梯经常发生故障，也经常有居民来反映问题。仅2003年4月以后就发生了43件故障。大多数是电梯的停止位置有偏离，有不正常的声音，被关在电梯内等问题。

竹芝城市公共住宅发生的电梯不良

维修管理公司	发生年月日		不良的内容
Schindl电梯	2003年	4月2日	发现顶棚和玻璃歪斜
		5月8日	4号电梯发生不正常声音
		10月15日	地震致使4号电梯、5号电梯停止运转
		12月5日	5号电梯发生不正常声音
		12月15日	地下一层前停止运转
		12月17日	4号电梯到达地下一层时有不正常的声音。门没开
		12月18日	4号电梯没到地下一层前就停止，再次按"B1"的按钮是开始运转。到地下1层时发生高差
		12月19日	到地下一层时发生高差
		12月20日	高差调整
		12月21日	时不时，地下层门不开
		12月22日	从一层到地下一层下降后时不时停止
	2004年	3月18日	在十七层按向下的按钮不停
		10月17日	发生故障。在十七层被关在电梯内
		11月6日	因制动器异常5号电梯停止运转
		11月7日	4号电梯在地下1层不开门
		11月7日	5号电梯在地下1层不开门。到达时正常运转
		11月8日	4号电梯、5号电梯进行综合点检。制动器运作情况再次确认
		11月11日	早上，到达地下1层时很久不开门
		11月12日	到地下1层时，不开门
		11月13日	5号电梯，到地下1层时，不开门
		11月25日	电梯间的内部表皮剥落。修理
	2005年	2月18日	发生事故
日本电力物业		4月25日	5号电梯给油器油量不足发出不正常声音
		6月7日	紧急按钮坏掉。6月21日点检时更换
		7月23日	地震致使4号电梯、5号电梯停止运转
		9月19日	停电感知器的配线不良，调整时4号电梯、5号电梯停运
		11月24日	5号电梯发生震动。之后发生被关在电梯内
		12月2日	5号电梯在23层到达前发生震动。下到4～5层之间有摩擦似的不正常声音
		12月29日	4号电梯有不正常声音
		12月31日	5号电梯从18层上升时，发生不正常声音和震动
	2006年	1月11日	2005年7月发生地震后，运转中震动、不正常声音、骤停、被关在电梯内等多发事故令居民感到不安，提出申诉
		1月29日	5号电梯到达地下1层时电梯开不开门，电梯间内紧急联络
		2月1日	5号电梯在4层停止运转
		2月2日	地下1层门因故障而修理。4号电梯、5号电梯停运，换部件
		2月4日	5号电梯内的镜子划伤和乱写字
		2月7日	4号电梯在13层按下按钮但不停
		3月6日	5号电梯在3～4层附件箱体与吊绳接触发出不正常声音
		3月24日	5号电梯搬家公司为搬纸箱，按了紧急装置。在5～6层之间停止
S·E·C电梯		4月15日	制冷风扇老化导致5号电梯发出不正常声音
		4月21日	4号电梯、5号电梯上行时声音很大
		4月25日	21层电梯乘坐场所，按下的按钮盖子裂纹
		5月9日	5号电梯下行时声音不正常
		5月26日	4号电梯在13层关门时声音很大

（注）带底纹的部分是联络管理人员和港区住宅公社，维修公司的回答指示的部分，基于港区的资料由日经建筑制成

在报告书中，也提到了上述这些异常动作。从相邻电梯的调查发现，可以推断出原因是变换器产生的电杂音对控制板的运行指令产生干扰而发生的。虽然和这件死亡事故的关联性不高，但也有人指出"这可以认为是个设计问题"，甚至有人指出"品质不值得被信赖"。

另外，在维护检验体制上也存在着问题。报告书指出，作为担任维护检验方的维修公司（S·E·C电梯），以及设施管理部门的港区住宅公社都没有从日本法人迅达电梯公司这儿拿过维护检验手册。维修公司（S·E·C电梯）根据其他构造相类似的电梯的维护检验手册进行维护。而住宅公社也认为这是当时的标准维护管理方法。

在比较了别处的管理方的调查结果发现，这个设施的电梯故障发生频率是东京都住宅公社电梯的20倍，都市再生机构的90倍。

另外，就是在事故发生后的一段时期内不停地重复发生同样的故障。因此被指出"拥有方，管理方以及维修方对待故障采取的方法是极度不负责任的"。也提及，"如果在掌握正确的技术情报的基础上进行维修保养，并探明事故原因及时采取适当的措施，肯定能把事故防患于未然"。

掌握了事故的原因，事故对策委员会向国土交通省提供了防止事故再发生的意见书。要求采取以下几点措施：①确保同一构造电梯的安全。②产品生产厂家须给维修保养公司提供技术情报。③产品生产厂家须提供风险情报。④产品生产厂家和维修保养公司须建立起相互合作的体制从而提高技术力。⑤加强现有电梯门开关行走保护措施的装置。⑥致力于提高电梯的安全性。

—

日本法人迅达电梯公司的反驳

—

在事故发生后国土交通省总结了事故再发生的防止措施，并改正了建筑基准法实施规则。对现有的定期检查，报告制度进行重新评估。2009年9月28日以后建造的电梯不但必须在电梯门处安装上行走保护装置，而且命令在申请交付使用电梯时需提供维护检验手册。

事故对策委员会对这次事故再发生的防止措施方案进行了进一步的验证。关于从9月28日起有责任要交付的维护检验手册，要求加入对制动器等和安全有关的装置构造图、校正方法、操作进度、零部件的更换标准等有关的信息。另外，对于现存的电梯，呼吁电梯生产厂家提供维护检验手册。

在接到事故对策委员会的调查报告以后，迅达电梯公司在9月10日于网上发表了公开声明，表示："制动系统并没有设计上的问题，该电梯在全世界使用已有30年以上历史。该系统完全符合国内外的标准、规格以及法令"。关于事故原因，强调："是由于担任维修管理公司的维修管理方法引起的"。

[事例] 新宿西落合的住宅

地下室浸水导致住户死亡

溺水

近年来以城市为中心因暴雨导致的灾害受到了关注。
1999年在东京都新宿区内发生的地下室进水的事故，
与使用电梯的居民的死亡有关联。
该事故对于地下室设计相关课题可具有参考性。

1999年6月末到7月初，从九州北部到中国地区普降大雨，各地遭遇了灾害。全国共有40人死亡和下落不明，水深至地板以上的楼有3844栋，水深至地板以下的楼有14741栋。

大多数亡者的致死原因是土崩而引起房屋的倒塌、泥石流，以及跌落进河川中，在福冈市博多区，由于大楼地下浸水而导致了一名52岁女性死亡。这是首次以地下商店街为首的地下空间也遭遇了很严重的水害，引起了关注。

一个月以后的7月21日在东京都新宿区西落合也发生了雷雨引起的大楼地下室浸水，导致了一名去地下室打探情况的65岁男性的死亡。

—

乘坐电梯下楼却回不来了

—

在分析思考为什么地下室浸水会导致死亡事故时，去了东京都新宿区察看了现场情况。在这里发现了几个问题。

7月21日下午3点10分开始的一个半小时，以东京都练马区为中心的局部地区下了雷雨交加的暴雨。10分钟内的降雨量为30mm，每小时的降雨量为130mm，非常猛烈。

东京都新宿区西落合的地形和浸水区域的关系图

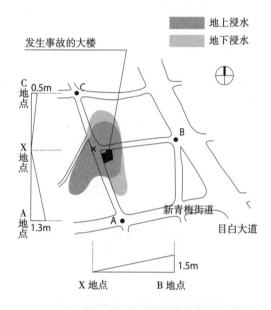

发生浸水事故的地下室入口。从包括路缘石道路路面开始有26cm的高差，约40cm深的积水从通往外面的楼道流入了地下室（照片：同下一页的都是小川雄二郎提供）

位于新宿区西落合的A先生（65岁）的家在都营大江户线落合南长崎站的附近，是一栋地下1层和地上4层的钢筋混凝土房子。因为家门口的道路被水淹了，A先生把车从一楼停车位转移到了高处后，说去地下室看看，就乘了电梯去了地下室。但是一去不复返，家里人给消防站打了求助电话。

这地方的关键是电梯。家里有个地下室，下去看看掌握下情况是很自然的事情。如果没有电梯，从楼梯去地下室的话，不用走到地下就能掌握情况。这户人家有两台电梯，一台是从室外通到地下室，另一台是在室内。下暴雨的情况下乘坐室内电梯也是很自然的事情。但是电梯一旦降到了地下室却再也不能回到地面上。

电梯降到地下室打开门后，地下室的水进入电梯中。如果水位较低的话能够从地下室逃出来，如果水位较高的情况就比较困难。救援队到达现场的时候，地下室的水已经高到了顶棚。由于电梯内没有天窗，救援队把电梯的顶棚切开，进入了电梯中。

这个电梯没有当地下室浸水时下不去的感知系统。但当电梯进水时，从常理来讲电梯就会停止运转。

如果是这样的话，地下室浸了水而A先生在不知情的情况下乘了电梯去了那儿，那么他除了利用外面的楼梯出去以外没有别的可以返回地上的方法。地下室是一个仓库，堆满了各种东西，浸了水以后东西浮上了水面并妨碍了A先生的自由行动。

短时间内地下室浸水

为什么地下室会浸水呢？

附近没有河川，因此不是河水泛滥造成的，而是来不及排除的雨水。参照这个地区地上和地下浸水范围与周边的海拔高差图发现，浸水范围是受限的，并不宽泛。

这个地区位于目白大道和新青梅街道的交叉口附近，低于目白大道1.5m、新青梅街道1.3m，形成一个稍有起伏的低洼地。

正因如此容易发大水。从1980年后20年间，在1981年、1987年、1990年、1994年、1999年5次发大水。也就是雨水泛滥地区。虽然在A先生的住宅旁边的道路设置了4个雨水排水口，但是这个地区仍然容易积水。

积水是慢慢上升，溢到了建筑物中去。A先生家的对面的大楼的进入口面向大街，没有台阶，积水容易进入到大楼中去。

第177页的照片显示通向A先生家的地下室的楼道部分。步道上的路缘石10cm高，在这之上又加了一层有16cm高，一共是高于路面26cm。这次从积水深的痕迹来看有68cm，近40cm深的积水进入到了地下室。

问题是预防浸水的对策是否做得充分呢？从浸水的结果显示是不足的。有台阶的A先生家都浸水了，何况对面没有台阶的高级公寓呢？从这个地区的长年浸水情况来看，需要加强实施防止浸水的措施。

从外面台阶上流下来的水被门挡住后，从门缝中慢慢渗入到地下室。但是，A先生家地下室的门旁边留有一个安装排风扇的开洞，从这儿水也容易浸入。这导致了在短时间内地下室的水满到了顶棚。

与无障碍设计共存的必要性

发现了几点问题：①A住在经常遭受浸水的这个地区，认识到了这是个容易积水的地区。②预防从外面台阶浸水的措施采取的不够。③地下室的墙壁上留有开洞，使得积水容易进入。④地下室的出口有两处，一处是台阶，另一处是电梯。⑤在地下室浸水的情况下电梯没有紧急停止的防御系统。⑥电梯顶棚处没有开洞，因此不可能从电梯上方逃生。

现在的一般住宅的地下空间都可能被利用，然而从这件事可以发现，有必要采取确保地下空间的防灾能力的措施。

一是强化预防地下空间浸水的措施。稍有高低起伏的低处，不仅河水容易泛滥而且还容易产生因排水能力欠缺而造成的浸水。调查曾经浸水地区，把握其危险性，改进对该地区的设计。并且，设置防水板用于预防超过预计规模的浸水。

接着是重点确保地下空间的避难途径。不仅是指地下商店街等大规模的建筑物还包括一般住宅的地下空间里遭受浸水时要确保人的避难途径。就像这个事例，地下室通向外界的楼梯在遭遇浸水时，避难途径被屏蔽了。地下室和外界相连接的门一般情况下是朝外开的，在水慢慢渗入的情况下从外侧产生的水压会使门不能轻易打开。

从电梯内的避难更为困难。需要检讨设置于电梯上方的逃生口，以及浸水感知系统从而阻止电梯向地下室的移动。

另外是无障碍设计与浸水对策的齐头并进。与道路没有高差的建筑物容易遭到水灾。这不是日常生活的方便性和预防

事故现场对面建的高级公寓与道路路面没有台阶。浸水就用土包做防护

水灾哪一个重要的问题，而是需要检讨两者的共存。准备好土包防止水灾是一个方法，但是也需要从设计的角度考虑这个问题。

这个课题不是住在那个地区的居民的问题，要综合各种设计方案去解决，除此以外没有别的方法。

也就是说，不能托词说是客人没有提出这样的要求或者说不知情。建筑师作为一个被赋予独立设计权的设计者来说，拥有专业知识，给居民提供一个安全的居住环境和利用空间，是应该认真考虑的课题。

[事例]

ACTA西宫

骑扶手导致男孩坠落

身体骑在扶手上随电梯下行的男孩，
从约10m高坠落到二楼死亡。
建筑物管理者为防止事故再发，
扶手设置了防护板。

坠落

移动扶手

围裙板

实行安全对策前的四楼下行电梯附近。上面的照片右侧
是楼梯井空间

2004年6月27日，在兵库县西宫市的商业设施（ACTA西宫）的东馆四楼的下行电梯，发生了一起两岁小男孩从10m高的电梯坠落到二楼的死亡事故。

坠落的情况没有现场目击者，根据兵库县西宫警察署以及管理公司的说明，男孩登在电梯外侧（楼梯井一侧）的围裙板上玩耍时

电梯的安全对策（资料：关西城市居住服务）

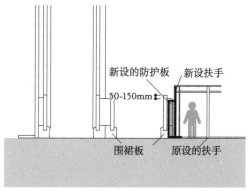

新设的防护板　新设扶手

50-150mm

围裙板　　原设的扶手

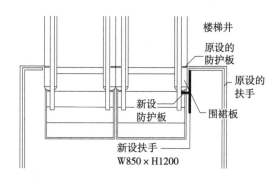

楼梯井

原设的防护板

原设的扶手

新设防护板　　围裙板

新设扶手
W850×H1200

爬上了电梯扶手，在随着电梯移动了2m左右后失去平衡坠落。从围裙板到电梯扶手的高度约为65cm。身高83cm的小孩只要站在围裙板上就很容易爬上扶手。

根据日本电梯协会的《关于电梯周边的安全对策以及管理标准》手册，要求在围裙板外侧设置防护板防止孩子登在围裙板上玩耍，但是并没有要求不能登上围裙板。

事故发生一个月以后的7月30日，ACTA西宫东馆管理工会为防止事故再次发生，为了不让人靠近围裙板，在扶手和围裙板处设置了防护板。在四~六楼电梯的乘坐口设置了5处。同样在西馆的电梯的乘坐口也设置了9处。

|影响| OAZO 设置特定保护罩

西宫市发生的男孩坠落事故波及了其他的商业设施的安全对策。

2004年9月14日东京车站前开业的综合设施"丸之内OAZO"的楼梯井空间，在电梯上安装了丙烯酸树脂制的大保护罩。三菱地所设计丸之内设计部的大草徹也先生说："由于知道了西宫的事故，为了不让孩子登上围裙板而特别定制的物品"。

并且在这里设置了透明的玻璃板来防止坠落或摔倒。"对于有楼梯井空间的电梯事先考虑安全对策是有必要的"（大草先生）。

六本木大厦也对有楼梯井空间的电梯设置了防止坠落的栏杆。森大厦有关人员解释说"这也是旋转门事故后，安全对策治理的结果"。

合成树脂制的保护罩

防止坠落或摔倒用的栏杆

"丸之内OAZO"的电梯安全对策。左侧的围裙板为防止孩子登上设置了合成树脂制的保护罩。上面是防止坠落和摔倒的合成树脂制的透明玻璃板

新设的防止坠落用的栏杆

六本木大厦在楼梯井空间的电梯上设置了防止坠落的栏杆

[事例] 西友平塚店

统一保护板标准的解释

2007年10月在神奈川县内的超市里，
男孩从电梯扶手爬出，
头被夹在扶手和保护板之间形成重伤。
事故后对保护板标准的解释明确。

夹住

　　在神奈川县平塚市内的超市，西友平塚店发生了男孩的头被电梯夹住的事故，平塚市在2007年10月17日发表声明表示电梯的防护栏的长度没有达到建筑基准法的标准。借这个机会对建筑基准法有了一个明确的解释。

　　发生问题的电梯是迅达电梯公司制造的"自动人行步梯（S1000型）"，使用范围是从地下一层到地上一层。电梯的额定速度是分速30m，斜度10°。10月16日下午4点10分左右，9岁男孩从左侧扶手向外侧爬出，头被夹在扶手和合成树脂保护板之间，严重受伤。

　　保护板是电梯和建筑物的顶棚或者和逆向行走电梯发生交叉的地方设置的用来拦挡交叉部位的材料。

　　保护板的形状是2000年由原来的建设省公告1417号的建筑基准法制定的。规定"设置在距离扶手上部至少20cm以下的位置"。却并没有具体规定是整块保护板还是部分保护板。

　　公告手册《电梯技术标准的说明2002

小学三年级学生在超市里头被西友平塚店的坡道式电梯夹住（照片：时事通信社）

年版》，也仅仅具体指出是保护板的"前缘"的部分。

迅达电梯公司解释道，在发生事故的电梯的保护板前缘下端部分设置在扶手23cm以下。但是前缘以外部分在扶手2cm以下的位置。

平琢市里指出整块保护板都必须设置在距离扶手20cm以下的位置，而保护板的形状是不合法的。

一方面，迅达电梯公司在10月19日引用说明书进行反驳，指出设置在扶手20cm以下的部分只要求是保护板的前缘部分。发生问题的电梯在2005年由之前伪造结构计算书而破产的I·HOMES公司验收合格。

国土交通省指导科和日本建筑设备电梯中心都支持平琢市的主张。但是尚未明确保护板与事故的因果关系。

—

安装方法是"固定"

—

国土交通省指导科和日本建筑设备和电梯中心对防护板的安装做出了补充说明。在1417号公告中，并没有明确指出防护板安装方法是悬挂式还是固定式，但是规定安装后不能发生摇晃。国土交通省指出从安装后不能发生摇晃这个标准来看，正确的解释说明应是固定。

2000年6月1日以后提出建筑确认申请认定的电梯须符合公告提出的要求。并在10月17日指示各地区政府要求特定行政厅对以前建造的电梯进行紧急检验。

2000年的原来建设省公告1417号规定的保护板的做法

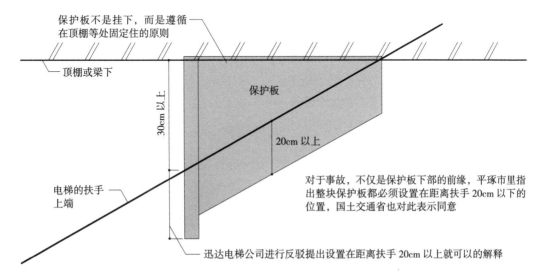

保护板不是挂下，而是遵循在顶棚等处固定住的原则

顶棚或梁下

30cm 以上

保护板

20cm 以上

电梯的扶手上端

对于事故，不仅是保护板下部的前缘，平琢市里指出整块保护板都必须设置在距离扶手20cm以下的位置，国土交通省也对此表示同意

迅达电梯公司进行反驳提出设置在距离扶手20cm以上就可以的解释

该图是参照平琢市的发表资料和《电梯技术标准的说明2002年版》，加上对国土交通省等采访的结果由日经建筑制成

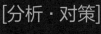

[分析·对策] 自动扶梯的安全

夹住

国家要求制定防止夹住的对策

电梯的夹缝中凉鞋被夹住的事故，
在2007年以后频繁发生。
把硅油涂在护裙板上，
通过再现实验明确该方法是有效的对策。

2007年8月以后频繁发生凉鞋被夹在电梯的夹缝中的事故。截至2008年4月，根据产品评价技术基础机构（NITE）统计报告，已发生类似事故66件。作为该事故的对策之一，经济产业省颁发了要求施工管理方"对电梯护裙板（侧面）实施硅油的涂刷"的文件。

2007年8月发生了一起事故，乘坐上行电梯时孩子穿着的凉鞋夹在了护裙板（侧面）和踏板之间。孩子的脚的中指骨折，3个脚趾的指甲剥离。

在NITE的报告里的66起事故（其中一起是长筒靴子被卷进去）中，骨折等17件。剩余的49件只是凉鞋被夹。发生被夹的地点最多的是护裙板和踏板之间，有37件。遭受事故的49件中的受害者74%是孩子。事故中明确了凉鞋的种类，调查的34件里塑料凉鞋占33件。

为了调查凉鞋的安全性，NITE做了再现实验。使用14～24.5cm的凉鞋，确认是在什么样的状态下被夹住的。把鞋子的指尖，侧面，后跟等部位塞到护裙板处发现，护裙板处没有涂硅油要比涂了硅油的发生的被夹件数要多。

根据NITE的实验结果，经济产业省在2008年4月18日，对事故发生原因做出了结论，除了塑料凉鞋本身的原因以外，也有电梯维修管理方，电梯乘坐者双方的问题而产生的相互影响。

经济产业省在同一天发表声明，要求塑料凉鞋的贩卖方对新采购的塑料凉鞋的构造，材质进行改进，让使用者在乘坐电梯时难以被夹住。并且要求采取在贩卖的凉鞋上贴上乘坐电梯时的注意事项标签，并在店内发送相关内容的广告印刷物等措施。

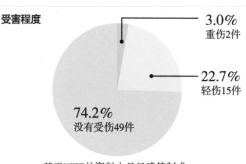

受害程度

3.0%
重伤2件

22.7%
轻伤15件

74.2%
没有受伤49件

基于NITE的资料由日经建筑制成

设计评论

危险的设计

开洞

门

楼梯·高差
地面·通道
屋顶·顶棚
墙

内装

电梯

设计评论

186

[验证] 中部国际机场旅客候机楼

得到很高评价的标识*

身体不自由的人群的意见也包含在中部国际机场的设计里，
通用设计的专家在现场给予了评价。
给予活用绘图文字的设计很高评价，
另外也有需要认真考虑的部分。

国内航线出发和到达区

△ **指示板** 搭乘口变更等重要的通知不显著。希望这样的临时标识统一设计

△ **巴士候车室** 从电梯下来，能见到去哪里的搭乘口号码标识隐藏在柱子后看不到

△ **自动人行步道梯** 如果提醒注意的标识在搭乘口附近张贴，就容易引起脚下的注意

△ **到达处大通道** 使用地毯作为诱导指示标识是好的点子，但中途没有必要改变颜色

照片说明文中 ○ 是可作为通用设计参考之处，△ 是表示还需要斟酌之处
*本节（p186~p199）图片在彩图附录中附有彩图。

中部国际机场的设计积极地采用了残疾人士的意见。由残疾人团体、通用设计专家、机场工作人员等组成了通用设计研究会，对基本设计、实施设计、施工等各个阶段做了近150次左右的研讨验证。

2006年4月17日，在担任设计的日建设计公司赤司博之设计部长的带领下参观了中部机场。摄南大学教授、通用设计专家田中直人和通用设计室法人代表长谷川美香是如何评论在2005年2月开通的该机场的建筑物呢。

—

搭乘口一目了然

—

从国内出发区开始验证。候机楼是一个4层建筑，二楼是终点站，三楼是出发站，四楼是商业设施和展望台。在二楼和三楼，车站和停车场通过坡道与中转大厅相连

◎ **登机门前的休息室** 到搭乘口为止一目了然。对于墙上突出的标识的效果，从远处看标识最好再大一些

△ **坡道** 扶手最好延伸到盲人步道处。扶手边部容易刮上衣服，稍稍再处理好一些

△ **消防栓四周** 透明的骨架样式展现有利于对收纳器具的认知，但从设计优先的角度考虑没有统一感觉

△ **坡道侧面** 孩子进入危险，微妙的缝隙尽可能不做，在设计阶段就要处理掉

接。这个坡道是国内首次被使用，踏板宽为1600mm的宽幅形式的步行道。

为了方便使用者在候机楼的上下层之间的移动可自由进行选择，同时设置了电梯、自动扶梯、楼梯等移动手段。多数的电梯采用了"两面开门方式"以方便残疾人士不用在电梯中转身。

登机旅客到登机前的时间都要经过登机

门前的休息室，地面铺的是板状地毯。设计者赤司博之介绍道："动线上步行部分采用格子模样，以便区别于停留部分。颜色上也考虑到残疾人士的视觉，以免使他们感到行走困难。"

建筑物的平面是T字形的。旅客从中央出发口进入办理登机手续，国际线在左边，国内线在右边，被区分在两边。登机门前的

非限制区

△ **展望台** 没有任何遮挡物是眺望跑道和飞机的好设施。但是栏杆位置过高了。对轮椅使用者和小孩子来看，视野受到阻碍。再稍稍考虑设施广大人群利用方便

△ **自动人行步道梯** 多种文字（日文、英文、中文、韩文）的注意标签太多了。我想这是设施管理者为了说明责任处理的结果吧，很怀疑能够引起多少人注意

△ **中转大厅** 标识的设计与机场内部统一，区分鲜明漂亮。但是广告板比标识有过于醒目之嫌

◎ **到达大厅—** 诱导旅客到达电车和巴士、出租车、酒店等标识用很大的图画文字表示，非常好辨认

休息室是一直能被看到头的线型空间构造。长谷川很感叹地表示到,"从坡道顶上看登机口一览无遗,非常易懂明了。"

在登机门前的休息室,大通道设置的自动人行步梯,采用了没有高差的橡胶运输式设计。赤司表示:"原本在出口处设计成没有高差,但是完成后发现这样的设计容易导致裤管卷入,从而故意设计成有高差。"结果,在乘降口的地面,墙壁处贴了很醒目的要注意标签。

—

也有"仅仅是修饰"的地方

—

只要设计者能稍微考虑周全些,就更能给人带来方便的地方还是被发现了几处。

比如说到达的中央大厅。利用格子装

△ **指示板** 指示板后面贴的标识醒目。对于要求急迫的卫生间,一般的标识有另外的设计方法

◉ **中心花园** 参考通用设计的动线计划。设置了上下两方向的电梯、自动扶梯、楼梯等被称为"三件套",它的升降口设置在同一动线上。使利用者全都能在同一动线上下自由移动。楼梯考虑到可避难时使用,尽量设计得宽一些

地毯的不同颜色作为方向的指南，但是地毯的颜色在中途发生了变化。赤司先生说："是为了和墙壁的设计进行对比，改变地毯颜色的"。对此田中教授建议："如果目的是为了指明方向的话，统一颜色的话会比较简单易懂"。

对于可以收藏消火器和管子的消火器箱子也有同样的意见。一部分的箱子是采用透明盒子，演绎了一种被看见的收藏效果。

但是，设置场所不同，也有不是透明盒子的。并被设计成各种各样的。田中教授提及："目的不是说是为了提高收藏器具的认知度，而仅仅是一种设计手段"。

对于标识设计的评价还是比较高。"对文字的大小、图画文字、色彩等下了功夫"（田中教授），"添加了对地点说明的图片，容

卫生间四周

△ **卫生间入口** 入口前的标识容易分辨，但没有设置触摸式指示图（点字）。里侧设置有男士使用和女士使用的卫生间入口处与标识在一起的触摸式指示图。这样会给视力残疾的人带来不便的

△ **卫生间** 门把手采用的是轻轻推动折叠门。使用时（左侧的照片）门上贴的标签中便器的种类可以知道，有未使用时（右侧的照片）看不到标签的隔间

易理解"（长谷川）。

　　机场在营业后也积极地采用旅客的意见，修改了标识的表示。对于如何处理后来添加的标识，今后要结合设施的运营方法，有必要协调新添加的和原有的标识之间的统一性。

中部国际机场旅客候机楼
所在地——爱知县常滑市新特丽亚1丁目
占地面积——4733339.05㎡
建筑面积——84492.05㎡
总建筑面积——219224.77㎡
结构和楼层数——S结构、地上4层
设计和监理——日建设计、梓设计、HOK、奥雅那日本JV（联合体）

△ **哺乳室入口** 不能连动的锁有两个，各自表示不同的开合，给使用者造成困惑

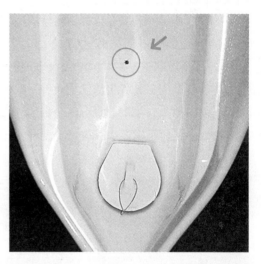

○ **小便器** 粘贴画有瓢虫。利用男性心理尿到目标物，防止尿液飞散

△ **多功能卫生间** 呼唤按钮与紧急情况用按钮全都用相同的红色。没有与清洗按钮颜色相吻合的意图

○ **洗面盆** 对视觉残疾的人，一个一个的形状比洗面器和洗面台连在一起的容易分辨

[验证] 东云集合住宅中央区

阶梯和扶手的设计不断地受到指责

对获得2005年度佳优设计奖的金奖
租赁集合住宅进行检查。
其结果，就是绊倒等令人害怕的个别地方随处可见。
透明材质的标识等也需要认真考虑。

东云集合住宅是东京湾岸填海造地的地区开发项目。其中央部分是以都市再生机构为中心企划开发的租赁集合住宅群。

聘请了山本理显先生（山本理显设计工场代表）为设计顾问，长谷川浩己先生（on sit 规划设计事务所代表）为景观顾问。6个街区的基本设计由6组建筑家设计，提出了多种住宅方案。

东云集合住宅中央部分获得非常高的评价。获得2005年度最佳设计奖的金奖，在募集第一批的1~2街区的居住者时，申请者是平均的19倍。摄南大学教授，通用设计专家田中直人和通用设计法人代表长谷川美香对该新开发地区进行了考证。

外部构造

◎ **标识** 标识和照明、坐凳兼用的"立方体标识"非常有意思（照明设计是近田玲子、标识设计是广村正障担任）

△ **阶梯** 木地板的展开方向互相影响，阶梯的踏步口非常难区分。踏步口应该容易区分。并且扶手仅有单侧，希望两侧都设置

△ **标识** 宠物禁止的标识用透明的材质，方形棱角的形状很危险。横向也不容易识别。要考虑到在广场跑来跑去的孩子，应该在高度上下功夫

照片说明文中 ◎ 是可作为通用设计参考之处，△ 是表示还需要斟酌之处

列举出通风口处周边的危险性

　　首先从外观来看。面对着街道中央S字形的林荫道，各个街区的一～三楼设置的是广场、店铺以及集会设施。单色基调为主的建筑物的最高层十四楼，形成有统一感的街道林立。

　　走在二楼连廊的田中教授在通风口处停了下来。网状的栅栏把通风口处围了起来，连廊处由扶手围绕着。"孩子们在扶手以及栅栏的垫脚石处登高玩耍时，有从通风口处坠落的危险性。应该对扶手以及栅栏的高度和形状上更要下一些功夫"。

△ **连廊广场** 通风口处的周围设置扶手和围栏，孩子们登高玩耍时，地板上的照明灯具突出来撞上去很危险

△ **坡道** 防止从木板坡道坠落的防护栏太低了，颜色不醒目，坠落的危险性极高

◯ **1街区住宅楼** 各层用颜色设定，内走廊的墙壁和住户内部的门窗涂成条纹状区分。自己住在哪层马上就能知道，很令人喜欢（照片：的野弘路）

△ **1街区住宅楼** 有发生雨水排不出去，浸入住宅楼内的问题。就在地面设置了高2cm左右的挡板，外面的电梯间也进行同样的改修施工。伴随着改修工程，特意设置的残疾人台没有了，真可惜

◯ **1街区入口前厅** 涂上色彩与各层主题颜色相吻合的邮箱非常容易区分。但是下端的位置太低了使用不方便

1 总户数2135户，2005年3月6街区全部完工；2 S字形的林荫道宽约10m（本页的照片：的野弘路）

住户

◯ 1街区的住户。对从来就没有过集合住宅经验的住户可根据自己的喜好自由选择房间

另外，也有声音指出，阶梯处没有设置扶手，防止从坡道坠落的防护栏过于低矮等不足之处。长谷川美香感觉到"在追求美感的同时，是不是有些忽略了对危险性的防范呢。"

以1街区的住户以及房屋为中心进行了考证。街区大量采用了玻璃结构的正门以及玻璃结构的浴室和厕所等，还处在验证阶段的设计方案。田中教授赞赏道："提供了多种住宅设计方案，给住户提供了最大限度的选择性"。以各层的内部走廊的墙壁、住户

内出入口的门、邮箱等为主题划分了各种颜色，方便居民分辨出自身居住的层数。

1街区发生了雨水排放处理问题，因此做了增高防护板2cm的改修工程。结果是浸水的问题虽然得到了解决，却破坏了无障碍设计初衷。

田中教授建议："发生问题时如何处置。不应该就事论事，而是要整体考虑。不断完善，认真解决问题对于通用设计来说是不可欠缺的"。

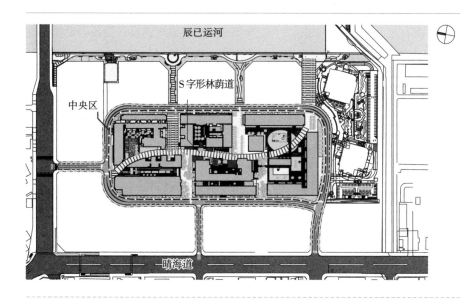

整体布置图

东云集合住宅中央区
所在地——东京都江东区东云1-9-11-22
区域面积——约4.8hm²（中央区）
建筑面积——5938.42m²（1街区）、4719.24m²（2街区）
　　　　　5189.2m²（3街区）、4871.41m²（4街区）
　　　　　5402.03m²（5街区）、5419.81m²（6街区）
总建筑面积——50215.43m²（1街区）、35465.9m²（2街区）
　　　　　40659.66m²（3街区）、35509.44m²（4街区）
　　　　　41410.01m²（5街区）、38108.62m²（6街区）
结构和楼层数——钢筋混凝土结构·部分钢结构（1~6街区）
　　　　　地下1层·地上14层（1~6街区）

住户数——420户（1街区）、290户（2街区）、356户（3街区）、321户（4街区）、423户（5街区）、325户（6街区）
基本规划者——城市再生机构日本设计
设计顾问——山本理显（山本理显设计工场）
景观顾问——长谷川浩己（on sit规划设计事务所）
基本设计者——三本理显设计工场（1街区）、
　　　　　伊东丰雄建筑设计事务所（2街区）、
　　　　　隈研吾建筑城市设计事务所、
　　　　　RIA（3街区）、
　　　　　山设计工房（4街区）、
　　　　　ADH／WORKSTATIONJV(5街区)、
　　　　　元苍真琴·山本圭介·堀启二JV（6街区）

[验证]　福冈市地铁七隈线

不同的反馈意见

2005年开业的福冈市地铁七隈线的车站，
为通用设计而倾注全力。
纵向的动线设备等设施的集中和向上的吸声性使声音容易听清，
是成为其他设施设计的参照部分。

福冈市地铁七隈线，是一条连接福冈市南西部和都市中心的市内第3条地铁。这条路线全长12km，有16个站口，因为积极地采用了通用设计（UD）而有名。摄南大学教授田中直人和UD设计无数的NATS环境设计专家老田智美代表一起巡视了从起点站的天神南站开始坐到终点站的桥本站。

电梯设置在站台的中央

七隈线的特征之一是纵向的动线设备等设施都集中在各个站台的大厅中央部分。一般从配置角度来讲，电梯大多设置在不易被发现的地方。但是七隈线这条地铁上，电梯和阶梯都被设置在站台的中央。

"以方便大多数人为目标。不仅仅指残疾人，还包括外国人、带着婴儿的母亲、身体带有残疾等所有人提供出行方便。站台的中央部分集中了纵向的动线设备等设施的目的是不把人给分类，而是大家都能够在一起行动。"

一起参观的九州大学大学院艺术工学研究院教授佐藤优是这样说明的。佐藤教授是福冈市地铁设计委员会的会长兼七隈线的总设计师。

由于是在原来的道路下面建设的七隈线，所以在隧道断层面的内径设计为4.7m，比市内原来的地铁6.1m要小，站台里面也没有多余的空间。因此，设计委员会在设计当初就制定了"站台设计指南"，以空间创造

福冈市地下铁七隈线
区间——福冈市中央区天神—西区桥本
营运公里数——12.0km
站数——16站
天神南站
各层面积——地上251㎡、
　　　　　地下一层5601㎡、
　　　　　地下二层5836㎡
实施设计——叶设计事务所

不产生闭塞感为目标。

比如说，在阶梯和电梯的交界处积极地采用玻璃，以确保能"扩大视野"。中央大厅的墙壁采用了间接照明，使墙壁朦胧地浮现，交界线也得以柔和融入。使用深色的仅限于自动扶梯和纵向的动线设备等设施的周围以及站台两端的墙壁，其他的都以白色明快的颜色为基调。

另外，在做配置计划的时候，所有的站台都设计成直线状的平面。提高了站台的视距，站台和电车之间的空隙控制在5.5cm以内。

田中教授关注的是对广播下的功夫。

既考虑到对声音的吸收，又使声音容易听清

为了使声音听得清楚，先在建筑物方面下功夫，为七隈线营造出一个安静的环境。中央大厅的顶棚处采用内衬玻璃棉的铝合金有孔板，从而提高吸声性能。为了使声音扩散，采用了弧形顶棚，同时增强了视觉效果。

对音源的设定也花了功夫。简单提高音量只能是增加噪声。关于语音广播的音量则参考了专家的意见，设定值定在比不广播时的噪声（暗噪声）高10dB左右。田中教授赞赏

动线 在直线状的站台中央，阶梯和自动扶梯、电梯等的纵向的动线设备等设施的集中配置。考虑的动线规划一目了然

◎ 直线状延展到大厅周围。眼界开阔良好，电车与站台之间空隙也变小

△ 沿线的广告与站台的扶手高度吻合，看得非常清楚，广告板的照度过高，表示站台名称的标识感觉不醒目

◎ 中央大厅一层的中央部分设置了电梯。在站台一层轮椅对应车辆停车位置的附近，在残疾人经过路线的主要部分设置，容易识别，适合于各种人群使用

△ 透明电梯对电梯而言容易辨认，希望在门的位置下些功夫使之容易区分

◎ 中央大厅的墙面下部采用了间接照明，辅助动线的卫生间相连显得空间很大。顶棚和地面采用吸声性能高的材料抑制了噪声

照片说明文中◎是可作为通用设计参考之处，△是表示还需要斟酌之处

道："既设置语音指南，又能听懂语音广播，提供舒适的语音环境。这是个非常大的进步"。

经过以上的努力，实际上大大降低了噪声。相对于首都圈地铁的噪声测试量大约是65dB，语音广播时大约是80dB，一方面，七隈线地铁的噪声控制在55～65dB之间，语音

广播时是70dB的程度。

除此之外，在地铁的几个接触式标识处和厕所周围也安装了语音指南。

对直线状的站台的设置、视觉的设计及语音环境等方面下的功夫，都是在设计初期就使用通用设计才可能得以实现的。

卫生间（彩图见文后彩图附录）　设置了轮椅使用者和需要照顾的人使用的"多用途的卫生间"

○ 药院车站的卫生间周围的外观。成标准的样式。墙面采用绿色，一目了然地引导进去

○ 辅助用床、人工瘘者用的设备等全有的"多用途的卫生间"。全车站安装2处，半边身体不自由的人也能使用

△ 整体色调为白色，人区分便器等较困难，希望扶手和按钮一类的用容易辨认的颜色。田中教授其他调查问卷中有人呼吁"在小卫生间里也要有人工瘘者用的设备"

○ 在日式卫生间最里面配置，其他部分地面的高差没有设计

△ 为了分清门打开的动作和地面的形态变化，希望考虑不同颜色

个性化（彩图见文后彩图附录）　一方面,内装材料和动线的处理等各车站样式统一；另一方面,部分墙面和标识周围也演绎了车站的个性

○ 各个车站设立了象征性标识，给人以亲切的感觉。标识不仅是形状还有色彩改变，对有知觉残疾的人，是从有容易认清形状和容易认清色彩的人来考虑的（照片：福冈市地下铁）

○ 站台的台阶周围。纵向的动线周边和两头的墙壁是根据车站内容使用不同素材和色调，容易识别

通过横向联系，有组织地探讨设计

福冈市早在通车的10年前就开始着手地铁建筑的设计。1997年正式成立福冈市地铁设计委员会。该委员会起到了对车辆、地铁的空间、设备、标识等竖向关系的工作进行横向联系的作用。

在计划过程中，听取了盲人、残疾人等等团体的意见。制作了实物大模型，让他们实际使用，并听取了他们的意见。在通车前让他们实际体验了点字、语音记号等用法，并针对他们的意见随时进行了修改。

"通过打交道，和各种各样的人没有负担的进行交流"，福冈市交通局设施课课长早野弘辉这样回忆的。在制造厂家和使用方之间建立起良好的对话关系，对于通用设计来说是不可缺的。田中教授强调的也是这个过程的重要性。

诱导和标识　（彩图见文后彩图附录）　对于盲人，积极在接触式标识和卫生间入口等主要场所用声音提示和诱导

○ 地面盲道，部分宽度有15cm断开，对轮椅和手推车使用者可减轻不愉快感觉

△ 也有盲道断开的设置是否合理的意见。对持各种立场的人的意见有必要进行判断

○ 连接站台和中央大厅的电梯。为轮椅使用者便于操作，呼唤用按钮设置在独立柱上。面前的盲道内藏对白手杖有反应的感知器，白手杖在接近时电梯呼唤能够感应到

△ 白色的地面和黄色的盲道组合在一起，对于弱视的人难以区分

颜色　（彩图见文后彩图附录）

为了感觉宽敞一些，在墙面和顶棚采用白色的明快的颜色为基调。动线的扶手等使用绿色

○ 出口标识使用鲜明的黄色，尺寸大，远距离能看清楚

△ 整体是白色，色调的节奏比较弱。NATS环境设计组合代表老田智美指出："对弱视的人用对比色有助于认识空间，有必要考虑重度的和盲人"

现场考证的回顾 | **以标准也有错误为前提的思考**

田中直人 × 佐藤优
摄南大学教授　　九州大学大学院艺术工学研究院教授

田中——一个比较担心的就是装置上的问题。"多用途的卫生间"的自动门等。感到有个别的几处自动化部分对人动作的反应有些慢。利用的人设想外的动作发生的时候怎么办？门开关速度对应利用者的动作等，是不是有必要进行调整呢？

另外，就是考虑声音的问题。在以视觉层面为中心而限定的领域里，在很多考虑通用设计事例的里面，这也是跨进了一个新的领域。

佐藤——对视力残疾的人来说，是很重视声音的设计的。为得到声响专家的指导、检查进行工作"如果比背景噪声大10dB就能听到"等，得到具体的指点非常好。并且为了不让声音扩散而听不到，对选择建筑材料和空间的形状要很仔细。

现实情况的课题就是屋子里发出的啾啾的鸟叫声。就有指出声音扩散使利用的人都分不清声音的来源。国土交通省的通用设计指南里举出在声音指南的例子是"鸟叫声"，难道除了这个规定之外其他的就不行吗？

田中——指南是那时候最低限定的标准指示的产物。随着技术的发展，标准水平就相对低的事件很多。不受标准束缚，要考虑在该场所以适合的方式是十分重要的。为此，有必要给予在现场的人们一些衡量的权利。但是，在那时对现场进行彻底的考证工作是不可欠缺的。

–
色彩使用也有张弛
–

佐藤——全体规划里面第一优先的是"告知危险和确保安全"。第二是"基本的行动从最初开始到完成能够好好做"，接着就是考虑"辅助动线的诱导"。辅助动线里特别是卫生间非常重要。因为总听到抱怨说不容易区分男女，所以要设置在很远就能识别的标识。

田中——车站里白色墙壁的很多，对于动线的诱导的意图来看，要有一点张弛在里面难道不好吗？

佐藤——看七隈线车站的图纸发现空间相当狭窄。为了避开空间的闭塞而显得宽敞，在顶棚和墙壁及地面使用明亮的色调，进行了优美大气的空间处理和导入了间接照明。

还有一个意图就是，做了空间的记号化。售票机和卫生间等场所想马上就能知道，为此在车站的纵向动线和路标的墙上使用限定的深色。其他用了注目的绿色来统一。

而且为了给身边的空间印象，主要的地方采取了图案化。这是基于从事市地铁车站标志设计的已故的西岛伊三雄先生的画稿而制作的。

田中——继承设计师的想法到过程为止都在思考中这一点上，作为考虑通用设计的人难道不也是相通的吗！

佐藤——在进行项目的过程中，到现场直接调查，亲耳倾听了利用者的心声。其结果就是在开业之前对点字的表示进行了修改。以不出错的态度进行检查是非常重要的。

田中——通用设计就是从各种各样的人那里倾听意见进而反馈，到良好循环的过程是很重要的。不仅设计者努力，继续培养的这种态度的工作也很重要。对今后七隈线车站的发展充满期待。

田中教授的意见

- 进一步的尝试易理解又好听的声音制作
- 白色的墙壁有些煞风景。在动线的诱导意识方面使用色彩要下些功夫
- 门等自动化的部分，对设想之外的人的行动对应有必要深思熟虑
- 重要的是，不拘泥既有的标准，根据彻底的检验来考察每个项目。
- 期待让使用者的呼声得以重视的过程能够持续。

○ 站台和车辆之间的缝隙控制在 $52 \pm 2mm$，为了不让婴幼儿推车等的轮子掉进去。高差和车辆的油压千斤顶根本就没有调整

△ 在站内的通道虽然设置了扶手，但灭火器周围等出现有连不上的个别地方。扶手尽量连续设置是基本的

△ 电梯前有标识表示的磁极和扶手。扶手和磁极的位置关系，磁极表面表示的内容，磁极顶部的安全对策等要下些功夫

○ 墙壁侧的成组垃圾箱。突出部分要简洁和收进一些
△ 站内的通道最好不让扶手断开上下些功夫

○ 天神南站的站台上行台阶和电梯。纵向动线周围的照明与一般的照明比起来采用有些柔和的色温度，易读性高

△ 电车到站时发出啾啾鸟叫的声音在纵向动线位置上来表示，但为了容易声音扩散，方向的区分就困难了

[验证] 龙谷大学深草学舍校园

力图消除高差的改造

不仅是大型的标识和盲道等，
如果不依赖通用设计，
为了解除场地内的高差和提高易读性，
更加要考虑一部分残留的高差。

与摄南大学的田中直人教授一起，在寒冷彻骨的1月中旬的下午，从京都站10分钟左右车程，去龙谷大学深草学舍校园进行了访问。同行的人是武库川女子大学研究生院研究环境色彩的山下真知子女士。

—

空间易读性高

—

街道中是宽阔的长方形操场，穿过南侧对面正门的矮门，展现眼前的是巨大的中庭。一目了然的中庭是由草坪广场和喷水、贴砖的建筑排列围合而成。另一个主要的出入口，东门穿过通道的周边，新换的榉树等立在填土上。

景观工程是在原有的校舍新设了围合的约15400m²的中庭。"1960年校园开放以来，在依次校舍的建设中，中庭的修建残留着。利用'共生'的办学理念，活用树

动线　　围合成中庭的周边建筑排列着，构成了一目了然的空间。中庭全部分成两大部分，氛围不同的场所的场景设计使空间易读性极高

◉ 从正门通向讲堂（显真馆）的路面，LED的照明和白色的地砖成直线型有极强的诱导性。到了晚上散发着LED的灯光（到第207页为止的照片：守山久子）

照片说明文中◉是可作为通用设计参考之处，▲是表示还需要斟酌之处

木等原有资源为学生设计一个休憩的'无障碍的'场所"。龙谷大学总务局长小川信正理事做了如此的回顾。

改修前，柏油覆盖的场地内有1.5m左右的高差。建筑物一层标高比中庭高，全部的台阶有数段向上形成通道的形式。飘散着学术的氛围，却没有必要的无障碍设计。

对于这种状况，以公开投标而选定的饭田善彦先生考虑的是"有高差的操场，设计成缓坡来连接，同时给往来的学生创造一个生活的场所"。首先，中庭做成坡道形，各个建筑物的入口的高差没有了。而且，全部用透水和保水性能极高的地面砖铺装，在圆形剧场设置了活动区域和在靠近图书馆一侧设置了可安静谈话的区域。

地面铺装是以舞台为中心的同心圆排布、向心式设计。一方面，正门和其正面建成的讲堂"显真馆"之间埋有LED照明成直线型，作为轴线有较高的诱导性。

实际上，在这个操场上大的标识和点字的盲道没有看见。但是，田中教授指出这样的要素是否具备，应引起注意。

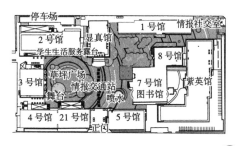

布置图

龙谷大学深草学舍校园景观工程

所在地——京都市伏见区深草塚本町67
占地面积——58151 m²
总工程面积——15380 m²
构造和层数——S构造和一部分RC构造，地上1层
设计和监理方——饭田善彦建筑工房

○ 设置的植栽和长凳，改变了场所的氛围。虽然没有盲道等，但为了动线前行接连展开不同的场景，较容易把握自己的生活场所

○ 与原有的大块贴砖的建筑对应的是多曲线形状的，以混凝土为主体的构造物混合在一起。新旧元素的融合，而且还进行屋顶绿化，力图从环境共生来进行通用设计

"从正门进入，因为能看见这里的全部，所以对全体的位置关系容易理解。并且创造了气氛不同的与人的行为相符的场所，对把握空间很有帮助。对于实现通用设计上是十分重要的事情。"

"必须考虑能做什么"

田中教授说"随处都能感觉到为了实用而制作的装置"。例如，圆形舞台的起点延伸到屋顶的花架设置了电源，这是为节日活动而设的。花架下设置的长凳在校园节日时活用成售卖摊子。"不经意地就提出了设想的各种各样场面。这也可称为通用设计"。

在中庭的中央，有称作情报交流站的圆形建筑。外面窗户上贴着各种信息的角落里，是外面的大学学生发的信息，里面贴的是学生们的情报共享。建筑内部有名叫"树林"的咖啡座，是社会福利机构经营的，有残疾的人员在工作。这种尝试在不仅是硬件设施上，在软环境上，创建了多样的、人们邂逅的、能够活用的场所。

设计过程中，饭田和教授们等大学的一方还有学生进行了多次的会谈。大学一方主要希望是原有树木尽可能保留。学生们非常关注的是校园节日时舞台周边使用方便。饭田先生针对这样的场面议论："应该考虑不仅仅是提意见，还要考虑这有

高差

有1.5m高差的场地没有连接平缓的坡道。1层标高设定的高，尽可能消除建筑物入口处的高差

◎ 有高差的场地全体用缓坡结成一体。个别的坡道设置的解决方法没有采取这样好的点子

△ 建筑物的入口高差有部分残留（右）

△ 路面有细小的高差（左）。前面新设的部分颜色不同，清楚的设计容易对高差识别。另外，一，希望原有的靠里部分有些色差好

何用"。

为了原有建筑继续活用而进行的景观设计，发现其中有不完整的部分。例如，地基面和建筑物的高差没有完全的解决，1、2级的低台阶有残留的地方。施工对象之外的8号馆里侧的通道，有小高差的路面上下用了相近的颜色，高差不容易区分。

尽管如此，设置了699个长凳等"休息场所不经意的多了"（田中教授）的中庭，感觉到设计者是花了心思的。不仅有盲道和扶手等基本必需品，还要对使用者花些心思。

原有物件的利用

○ 原有的树木尽可能移植活用。像广岛原子弹爆炸圆顶屋那里用说明板来表示楠木的由来，可传达出历史厚重感

建筑物和树木及填土等，把校园里持有的资产尽可能活用。场地的填土是为了在树木难生长的被称为"深草沙漠"的土地栽植而采用的手法

○ 以前有的池子作为防火兼喷水再现出来。利用雨水，通过过滤循环装置的太阳能发电进行运转

△ 该地区的孩子当成游泳池使用，有亲近感很好，但是要尽量考虑安全对策等能若无其事还富有魅力的地点

○ 新的水箅子的网格很细（左侧的照片的面前部分）

△ 原有再利用的水箅子的空隙很宽，鞋跟有被夹住的危险

标识（彩图见文后彩图附录）

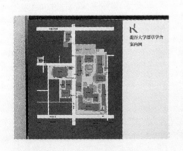

○ 使用色彩明快的指南标识。武库川女子大学研究生院山下真知子说："视力不好的和视力正常的都能看清"

为了校园内的易读性高，在正门等主要场所集中安装标识。考虑选用了即使弱视的人也能分清的颜色

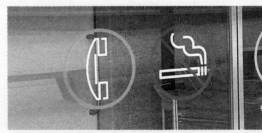

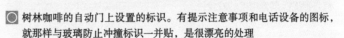

○ 树林咖啡的自动门上设置的标识。有提示注意事项和电话设备的图标，就那样与玻璃防止冲撞标识一并贴，是很漂亮的处理

现场考证的回顾 不把标准当作免罪符而以"标准之上"为目标的想法

田中直人 × 山下真知子 × 饭田善彦 × 小川信正
摄南大学教授　　武库川女子大学研究生院　饭田善彦建筑工房　龙谷大学总务局长

田中——首先，印象深刻的是原有校园空间注入了新的设计，新旧共同打造衍生出新的空间。

其次，就是原有的高差与缓坡的连接，创造出伸展的空间。虽然有一部分的坡度没有解决，但全体成缓坡状的想法非常好。实际我认为同时兼备雨水处理等是非常辛苦的。

再次，是情报交流站。大块贴砖的建筑与多用曲线形态的混凝土轻巧构筑物配合。包含"树林"咖啡座，使用方法和形态的印象感到设计得非常出色。

饭田——像这样的场所，我想特别是不仅仅光有主张，还有保守的设计也很重要。经历了40年的制作出来的东西是不能否定的，应该一边如何给予尊重，一边专心设计。

田中——不能像从前那样的片段和安定以及建造，但要对以前的建造表示尊重，如何活用呢，这样的思考方法，希望街道建设也要有所参考。

饭田——联想到30年前建设的集合住宅改造计划等，很久以前的东西如何活用的工作的是很有趣的，在这里是要借助历史和时间，产生出新的元素。我想如果那个方面能够长期保持，或许会成为非常好的东西。

这次非常高兴的是，提出给残疾人创造劳动场所的方案。学生们与这里工作的人接触，或许不时还能帮忙。涉及那样的活动是非常重要的，但要有这一个基础会更加的好。

有必要确保最低限度的安全性

山下——从东门进入，经过的场所看到了不同景观，但都很统一。我想不仅是标识，空间自身的印象也是这样。这样的设计正是倾听了用户意见的结果，才能必然出现这样的景象。

田中——这就好比是好的医生擅长通过问诊就能说出哪里不好，同样，对成为善于倾听的建筑家也是十分重要的。

饭田——听起来像做生意呀。但是，并不是说全部都遵从。最重要的事情是看清什么是重要的。

关于场地内没有盲道这点是怎样的呢?

田中——有支援无所不在的情报机器和盲道的方法，但我认为基本上最好是能够确保最小限度的安全性。在这里，例如能改变路缘石边界的颜色认识，空间的认识上不就会没有问题了吗?

小川——对全盲的人，我们考虑倒不如在大学里对他们进行很多脚下行走的训练。比在学问上面给予辅助有意义。

田中——另一方面，原有部分台阶前缘用同样砖的颜色，有几处不好区分。

饭田——校园与街道包含着怎么样的联系，这个周围是成为今后要开展的课题。

制作东西时，有不得不遵守的事情。但是通用设计，也有偶尔限制改变新设计这样的印象。

田中——确实通用设计在向标准制作这个方向发展。对于标准与性能提高的结合，如果放弃高于标准的努力，由此而成为免罪符就没有了意义。我希望建筑家能够自由发挥想法，创造出标准之上的有魅力的空间。

田中教授的意见

- 个别的高差没有处理，全部用缓坡结成一体的想法很好
- 圆形剧场周边等，设想成多用途的场面的提法与通用设计的想法相通
- 如提供给残疾人工作的咖啡座这样，从软环境方面可供各种人使用的装置设计也很重要
- 看不到台阶前缘的处理等，对一层要有所考虑
- 不要限于通用设计的规定，要有超过标准的自由发挥的想法

○ 新旧对比意识的设计。利用直线对原有建筑进行大块的贴砖，新的构造物无色彩。运用了曲线的轻快设计

○ 花架的构造材料与电源组合，凳子在校园节日可当售卖摊子来利用，有各种各样的用途和场面

○ 下部是照明与凳子组合。夜晚可照亮脚下

△ 原有的展台一角是在孩子头部的位置。下面希望配置植栽等

○ 东门附近设置的公告板用的铁架。是用来开展多种活动的

| 专栏 | 对防止建筑物事故有用的网页

建筑物事故预防基础知识

http://www.tatemonojikoyobo.nilim.
go.jp/kjkb/index.php

国土交通省国土技术政策综合研究所经过从2006年到2008年实施的研究项目而开发的，提供以建筑物内部和其周边，对日常生活事故防止有所帮助的情报。

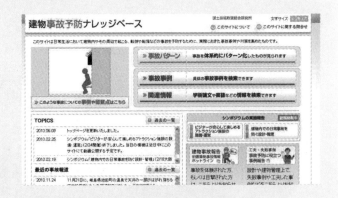

关于建筑物等事故和灾害对策

http://www.mlit.go.jp/jutakukentiku/
build/accident.html

国土交通省提供的情报。刊载有重大事故受理对策和调查结果的资料。

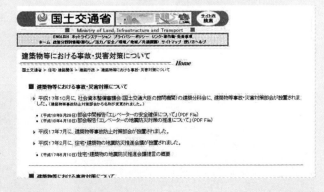

制品评价技术基础机构之生活安全领域的情报

http://www.jiko.nite.go.jp/

由制品评价技术基础机构（NITE）运营。有检索制品的事故情报等功能。能得到门、窗以及照明灯具等事故情报。

失败知识的基础数据

http://shippai.jst.go.jp/fkd/Search

科学技术振兴机构免费提供的基础数据。介绍科学技术领域里对事故和失败事例的分析，得到的教训。也积累了建筑领域里的数据。

（注）网页的URL等是截至2011年1月末的情报

数据

[调查] 消费者的问卷

超过三成因建筑物导致的受伤

有因建筑物而受伤经验的人，
存在有多少人呢？
带着这样的疑问来看被撞过的消费者。也包括周边的人，
在3年内没有受伤的人不到七成。

因跌倒和坠落导致死亡人数的将来预测

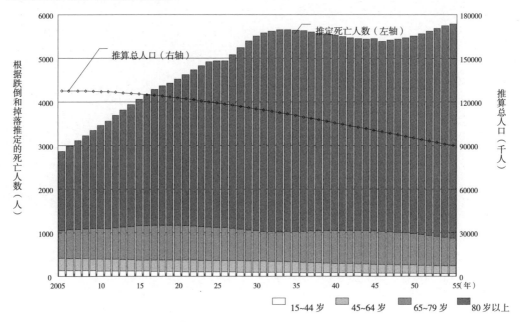

　　2028年因跌倒和坠落导致死亡的人数一年间竟达到5000人。这是国土交通省国土技术政策综合研究所在2007年发表的令人震惊的预测。这是除去学校和商业设施等公共性较高的建筑空间而以家庭发生事故为对象进行估算（参考上面的坐标图）。

　　死者数增加最大的理由是老年人的增加。80岁以上跌倒和坠落导致死亡的风险比15～44岁高100倍以上。

　　日经建筑以一般消费者为对象，对建筑物和建筑物周边是否有受过伤的事件进行了寻访。调查对象200人，结果是，33%也就是66人回答"3年以内自己或周围的人受过伤"。

对设计者是很难说出的话语

　　事故发生最多的是"跌倒"。"走廊涂料粘住拖鞋，脚拿不出来"等，叫设计者很难

Q 事故和受伤的具体内容

跌倒	购物中心的中庭粘贴地砖的步道上，祖母被松动的地砖绊倒而骨折（女性，34岁）
	店铺出入口有防滑地砖陆续出现跌倒者。在面砖上涂了树脂类的涂料后，没有发生过事故（男性，53岁）
	从小酒馆出来时跌倒。昏暗的高差没有看见（女性，28岁）
	房间入口附近地面，稍微有一些高差，老人经常跌倒（男性，33岁）
	下雨天在店铺的停车场的路面画有的白线上打滑跌倒（男性，34岁）
	自家素土地面房间分割门的门槛把母亲绊倒。门槛高有3cm左右，虽然处于危险的情况，但因为父亲希望在门处安装的，所以对设计者而言是很难说出什么的（男性，41岁）
	在走廊里穿拖鞋走路时，走廊的涂料粘住拖鞋，脚拔不出来而跌倒（女性，46岁）
碰撞	饮食店的玻璃打磨得很漂亮，没有注意撞到脸。由于与朋友边进边说话，到跟前完全没有看到（女性，44岁）
	去购物中心的卫生间在其连接的通道与从卫生间出来的人撞上（女性，46岁）
	建筑物在交通交叉点一角阻挡视线，车和行人相撞事故不断（男性，32岁）
擦	孩子撞上粗糙的砂浆墙壁，肘部擦出血（女性，32岁）
夹住	入口的门遭受强劲风经常关上，孩子手指被夹（男性，49）
	乘电梯时，门关上被夹住。电梯内部没有人乘坐，外面按按钮门却不开（男性，25岁）
	没有竖板的台阶，脚趾进到里面，小脚趾骨折（男性，47岁）
坠落和跌落	抱大行李下台阶时，踏步口的防滑条脱落而没注意到，脚下打滑摔到屁股（男性，32岁）
	电梯门开，送客的人打完招呼转身进入时，电梯没有到（女性，47岁）
	孩子从外面挂的编席门坠落，从阳台背上坠落（女性，57岁）
撞上掉落物品	屋顶积雪，大冰块落下（女性，39岁）
	在商店街步行时，强风吹吊着的广告板落在眼前（女性，49岁）
	高级公寓的阳台扶手腐蚀了，安装扶手时面板板材掉落（男性，58岁）
其他	没有注意随意推平板车出去，从台阶掉下。走廊稍微有斜面（男性，24岁）

调查概要

日经建筑于2009年8月，在媒体公园调查公司的协助下，通过网上以全国20～59岁的男女200人为调查对象进行问卷调查。回答者平均年龄40.4岁。住居形态为自有独户49％，租赁高级公寓和普通公寓22％，自有高级公寓和普通公寓19％，宿舍和公司住宅5.5％

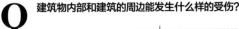

Q 建筑物内部和建筑的周边能发生什么样的受伤？

(有效回答：200人)

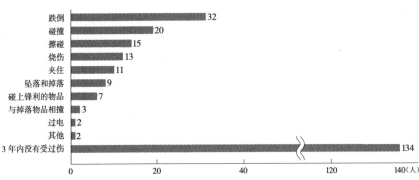

跌倒	32
碰撞	20
擦碰	15
烧伤	13
夹住	11
坠落和掉落	9
碰上锋利的物品	7
与掉落物品相撞	3
过电	2
其他	2
3年内没有受过伤	134

注：访问的是回答者和他周边的人以过去3年内，在自家住宅或工作地点及外出时等遭遇建筑物内部或建筑周边事故而受伤的人群。有受伤的情况下，在符合情况处全部用圆圈回答而取得的。

Q 主要在哪里受的伤？

有效回答：回答者和他周边的人"过去3年内受过伤"的回答有66人。回答可以为不超过3个的复数回答。右侧的也一样

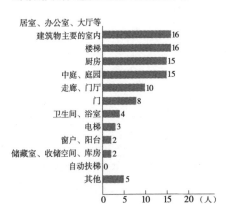

居室、办公室、大厅等建筑物主要的室内	16
楼梯	16
厨房	15
中庭、庭园	15
走廊、门厅	10
门	8
卫生间、浴室	4
电梯	3
窗户、阳台	2
储藏室、收储空间、库房	2
自动扶梯	0
其他	5

Q 设计想到有怎么样的问题

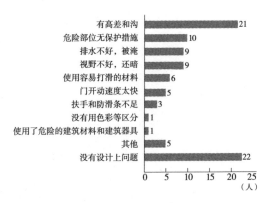

有高差和沟	21
危险部位无保护措施	10
排水不好，被淹	9
视野不好，还暗	9
使用容易打滑的材料	6
门开动速度太快	5
扶手和防滑条不足	3
没有用色彩等区分	1
使用了危险的建筑材料和建筑器具	1
其他	5
没有设计上问题	22

料到会发生的事故。

事故发生的场所中，"居室等建筑物为主的室内"和"台阶"并列排第一，"厨房"和"中庭及庭院"也很多。

问卷里问到设计有什么样问题的时候，"有高差和沟"、"危险部位没有保护设施"等意见被举了出来。

但在这里，实际上受伤的人多数没有向设计方和施工方以及管理者投诉过。在"3年内自己或周边的人受过伤"的回答者66人中，"今后设计等要注意一些问题"的有4人，"有问题地方要求改修或补修"的有1人。其他的回答者回答的是"没有任何要求"。

在调查中有这样的回答："素土地面房间里隔开拉门的门槛把母亲绊倒，由于是父亲希望在拉门下安装的，所以很难对设计方和施工方说什么"。

得不到事故和受伤的消息，设计方和施工方恐怕还会再次重蹈覆辙。本书就是把与建筑物有关的发生事故的实例和发生原因以及如何解决等，从建筑的部位和事故种类不同的角度来进行介绍。对从事设计和施工及经营等业务相关人士，可作为参考的事例，希望对加强安全的设施有所帮助。

[调查] 建筑物安全的全国调查结果

改善未进行的课题

国土交通省在建筑物防灾周期间，
同时对有关建筑物的安全性实施了定期调查。
通过调查发现了一些问题，
对引起事故等也没法顺利解决。

　　以建筑物事故和问题等为契机，国土交通省在每年春、秋两季对建筑物安全性实施全国调查。对喷涂石棉的对策和防止外墙材料、顶棚材料等掉落的对策进行调查。对于在本书介绍的问题事例等关联很深的项目以及事故防止对策的年度发展来看，其对策实施进展而言有些困难。对于此，今后一定要把实施对策踏实地进行下去。

防止外墙材料掉落对策的情况

	2006年3月	2006年9月	2007年2月	2007年9月	2008年3月	2008年9月	2009年3月	2009年9月	2010年3月
恐怕有外墙材料掉落的建筑物数量	927	943	928	933	1244	1254	1250	1267	1259
「"恐怕有外墙材料掉落的建筑物"和"有调查报告的建筑物"的比例	8.4	8.3	8.5	8.6	10.0	10.1	10.0	10.0	9.9
要求调查的建筑物数量	21013	20993	20594	20454	23189	23195	23126	23315	23309
有调查报告的建筑物的数量	11040	11305	10957	10870	12398	12459	12451	12620	12662

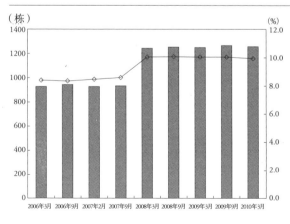

恐怕有外墙材料掉落的建筑物的数量（左轴）
"恐怕有外墙材料掉落的建筑物"和"有调查报告的建筑物"的比例（右轴）

[注]城市规划法第4条第1项规定：城市规划规定容积率的限度在400%以上的地域内，根据灾害对策基本法第40条和第42条，为地方公共团体制定的防灾规划里，位于避难通道沿线的建筑物，除去地面层，以3层以上部分，并且竣工后使用10年以上的，外墙倾斜、有危险可能的外墙砖等掉落的建筑为对象。

防止大规模空间的顶棚垮塌对策的情况

	2006年3月	2006年9月	2007年2月	2007年9月	2008年3月	2008年9月	2009年3月	2009年9月	2010年3月
顶棚垮塌的技术指标和比较有问题的建筑物的数量	5171	4974	4858	4911	4890	4927	4901	4811	4736
"有问题的建筑物"和"有调查报告的建筑物"的比例	23.3	21.8	25.6	25.9	25.6	25.6	25.4	25.1	24.7
要求调查的建筑物的数量	25779	26709	21673	21492	21648	21751	21698	21582	21533
有调查报告的建筑物的数量	22203	22843	18991	18989	19123	19268	19265	19190	19137

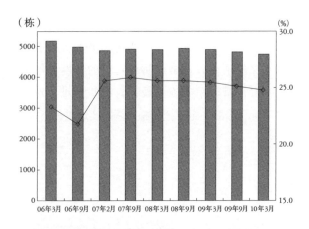

■ 顶棚垮塌的技术指标和比较有问题的建筑物的数量（左轴）

◇ "有问题的建筑物"和"有调查报告的建筑物"的比例（右轴）

（注）调查的是体育馆、室内游泳池、剧场、大厅、候机楼（机场等）、展示场等（500m²以上的大型空间）的吊顶顶棚

民间建筑物的喷涂石棉对策的情况

	2006年3月	2006年9月	2007年2月	2007年9月	2008年3月	2008年9月	2009年3月	2009年9月	2010年3月
喷涂石棉露出的建筑物的数量	16401	15787	14890	14774	14832	15991	16012	16212	16229
"有问题的建筑物"和"有调查报告的建筑物"的比例	8.1	7.5	7.1	6.9	6.8	7.0	7.0	7.0	7.0
要求调查的建筑物的数量	256025	256211	253086	253132	259344	273266	273669	274260	274154
有调查报告的建筑物的数量	202779	210809	210961	214050	218349	227534	228620	229959	230454

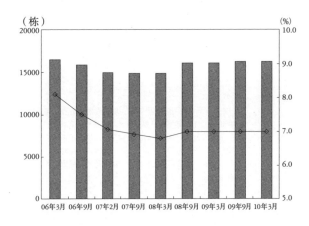

■ 喷涂石棉露出的建筑物的数量（左轴）

◇ "有问题的建筑物"和"有调查报告的建筑物"的比例（右轴）

[注]从1956开始截止1989年施工的民间建筑物中，大约1000m²以上的大型建筑物。喷涂石棉和有石棉里含有喷涂石棉的建筑材料为对象。

对谈

安全性能和设计的对立
田中直人 ［摄南大学教授］
×吉村英祐 ［大阪工业大学教授］

[对谈] **田中直人**[摄南大学教授] × **吉村英祐**[大阪工业大学教授]

安全性能和设计的对立

通用设计最初
是设施的安全设计专家和
从事建筑物事故研究的专家
迫使想出不招致事故的建筑设计方法

田中——在空间设计上下了力气的有名建筑里，存在沿着扶手前进的时候，有被诱导至脚下有沟的地方的例子。结果可以说是最重要的安全性被破坏了。像是这种对安全性的确认是否充分而产生疑问的例子是很少的。

例如，利用玻璃的设计，光的通透使外部和内部融合，创造出非常好的环境的例子很多。但是，通过本书介绍的事例中，出现了掉落和碰撞、被玻璃制的可动门夹住等，错误的使用方法和很大的危险相连的例子。以非常棒、很美、有魅力的建筑物为目标的另一面，是否欠缺了基本"安全"的部分呢？

在实现一个目标时候，也要充分考虑其反面的部分，这也是与通用设计的想法相重合的。有的人使用很方便，但对其他人却可能非常危险。通用设计在考虑的时候，就是有必要从使用者的使用情况多样性上来验证。

在发生事故的建筑物，存在建造阶段没考虑使用者意见的例子。鼓励使用者参加，听取用户意见，在建筑生产过程中是十分重要的。

吉村——有为了防范事故而制定技术标准的考虑方法。根据这个是可以提高安全性的。但是，也恐怕会陷入仅仅为了遵守标准也停止思考的境地。

田中——或许按照标准设置扶手，铺设盲道就可以了，这样的设计并不新奇。陷入了把标准当作免罪符的状况中，这是没有达到"为人而创造"的建筑本来的姿态。

虽然提出了具有庞大的形体的伟大建筑，但从人的角度看设计还有缺欠的地方。这也正是制作人不得不要考虑的那部分，就

田中直人（tanakanaoto）
1948 年生于神户市
1975 年毕业于东京大学研究生院工学系研究科建筑学专业
在神户市神户艺术工科大学担任教授
1997 年 4 月开始任摄南大学建筑学科教授。
致力于自治体等的通用设计的推行

吉村英祐（yoshimurahidemasa）
1955 年生于大阪市
1980 年毕业于大阪大学研究生院工学研究科（建筑工学）。
先后就职于小河建筑设计事务所、大阪大学助理教授，
2007 年在大阪工业大学担任教授。
研究建筑空间安全化，
2007 年度获得日本建筑学会奖（论文）

是综合安全性而决定的东西。各个专业不能只讲分工，有必要全面考虑规划。

吉村——新设计有被标准制约的场合，据说没能力的设计师因为有标准就不会设计了，但这时，真正有能力的人，是会超越标准而实现设计的。

对设计者来说，涉及安全难的原因之一就是存在定量化的困难点。玻璃和隔热材料的定量化物理数值是和可以节省能源的性能对照的。定量化的难度也是和向施工者说明的难度有关。

—

对自己动手的设施进行验证

—

吉村——通过阪神大地震的经验，才开始修正是否真正从用户立场考虑安全的问题。在这之后，注意以表示建筑物危险的标识等，对建筑物开始进行危险性分类。在这其中，发现了人的行为关联性和类别。

通过研究明白一个问题是，设计者对危险的预知能力欠缺。原因是设计者对人的行为和心理不了解，以自我为中心："我使用没问题，其他人使用也没问题"，而存在着过分自信的人。

田中——从使用者一侧的立场上，人们是需要有防止本能动作事故设计的。

吉村——设置了过街天桥，相反地废除了横穿步道。但结果反而出现了事故增加的插曲。不走过街天桥而横穿马路的人反而增多，因为人在想车不过时，人也就跑过去了。研究对人的行为诱导时，也应该在设计中的运用"可供性"的考虑方法。

预想对于抄近道行为和使用四五级台阶相互调整时，如果能继续深入考虑到人的习惯行为，就成为能够解决的例子。但是，那个没能解决的危险设计在被扩大再生产中。为了减少线条，无论如何要消除掉也是作为设计方的设计嗜好，这于用户对危险的察觉就很困难。因为消除了"如此一般"，安全性能就变得低下了、不可能不权衡安全性能和设计。

田中——为了减少危险的设计，每个设计者能够做的事情首先就是，要对自己做过的建筑物进行验证。不只是图纸，还要去现场确认。因为竣工后不知道的事情很多，所以使用后坦率地听取使用者提出不好的部分的事情是不可缺少的。

吉村——有与大型开发和管理公司针对设施的安全性进行过讨论。在那里，有公司对管辖分店的情报的掌握，但存在本公司

没有共享情报的情况。有一个公司有过官司，所以对类似的问题防止再度发生，基于危险性，该公司开始修改力图情报共享。

——

提高使用者的知识也非常重要

——

田中——事故或问题对于建筑设计等相关的人员来说是很可耻的事情，所以，就有想要隐瞒的想法。但是，公开这个消息是非常重要的。面向未来，创造出安全质量更高的建筑物，有必要听到一些不好的消息。

吉村——建筑作为一种产品，不知道用户的诉求，社会对问题的认知是很难的。在这一点上，住宅制造商等对过去建筑物投诉等问题,在产生新品质的建筑物方面加强了磨合。这样下去，也就是称呼为建筑家的人，或许就逐渐越来越少了。

为了提高安全的性能作为参考的危险设计，明白了如果稍微用些心思就会传播出去，这样的情报很希望再出现一些。

田中——在过去的事故教训基础上，加强向用户方传达事故等系统情报的探讨是值

得的。为了提高安全设计品质，用户的反馈非常重要。

吉村——今后，收集事故情报的国土交通省的"建筑物预防基础知识"也要准确更新是非常重要的。

也希望注意与事故相似的主要原因潜在点。在本书中所举出的事例，虽然呈现不同的现象，但是有相互关联的元素存在。

田中——考虑各种事故共同的潜在问题是十分有必要的。

吉村——如果能把握共同的潜在课题，也会与预知还没表面化的新的风险相连。

田中——安全的问题不是只讨论技术和设计就行的，作为专业有社会的伦理观念的问题。情报如何公开，然后自己的责任如何行动，这些是不得不联系在一起的。更进一步就是，谋求伦理观念不仅仅限于创造者，管理者和用户也是不能缺少的。

吉村——用户通过对危险设计的实际情况了解，以培养建筑物安全性能为目标，其结果就是，期待能够从用户方面指出危险性对建筑物的设计比现在要高的水平。使用者方面的水平提高，与建筑物的质量提高连在一起那是不会错的。

P010~P011　桑原丰 "Kenplatz"（P11专栏除外）、浅野祐一（P11专栏）日经建筑2010年4月26日号、2010年7月26日号

P012~P013　桑原丰 "Kenplatz" 日经建筑2010年7月26日号

P014~P021　浅野祐一 日经建筑2010年7月26日号、Kenplatz 2010年8月17日发布信息

P022~P031　浅野祐一 日经建筑2008年2月25日号

P032~P034　青野昌行 "原日经建筑" 日经建筑2001年11月12日号

P035~P037　增田刚 "原日经建筑" 日经建筑2008年7月28日号

P038~P040　浅野祐一 日经建筑2010年8月9日号

P042~P045　增田刚 "原日经建筑" 日经建筑2009年7月13日号

P046~P047　增田刚 "原日经建筑"、加藤光男 "Lighter" 日经建筑2004年10月18日号

P048~P051　增田刚 "原日经建筑" 日经建筑2009年7月13日号

P052~P053　浅野祐一 日经建筑2006年3月27日号

P054~P057　佐佐木大辅 日经建筑2004年4月19日号、2004年5月3日号

P058~P061　佐佐木大辅 日经建筑2005年6月13日号

P062~P063　高槻长尚 "Kenplatz" 日经建筑2010年4月12日号

P064　　　　高市清治 日经建筑2009年4月13日号

P066~P067　西山麻夕美 "Lighter" 日经建筑2008年2月25日号

P068~P073　增田刚 "原日经建筑" 日经建筑2008年2月25日号

P074~P077　增田刚 "原日经建筑" 日经建筑2009年7月13日号

P078　　　　增田刚 "原日经建筑" 日经建筑2006年9月11日号

P080~P081　增田刚 "原日经建筑"（P81专栏）、西山麻夕美 "Lighter"（P81专栏除外）日经建筑2008年2月25日号

P082~P083　增田刚 "原日经建筑" 日经建筑2008年2月25日号

P084~P085　青野昌行 "原日经建筑" 日经建筑2001年8月20日号

P086~P089　木村骏 日经建筑2008年12月8日号、Kenplatz 2010年5月26日发布信息

P090~P091　荒川尚美 "原日经建筑" 日经建筑2001年10月15日号

P092~P094　桑原丰 "Kenplatz" 日经建筑2002年4月29日号

P096~P101　田边明子 "Lighter" 日经建筑2009年11月9日号

P102~P103　浅野祐一 日经建筑2010年11月22日号

P104~P108　佐佐木大辅 日经建筑2005年9月5日号、Kenplatz 2005年10月25日发布信息

P109　　　　东有纪 "原日经建筑" 日经建筑2006年4月24日号

P110~P111　浅野祐一(P111专栏除外)、佐佐木大辅（P111专栏）日经建筑2006年8月28日号、2004年11月1日号

- 记载事例的部分里有编辑和删改的情况
- 照片：除特殊标记外均为日经建筑

著作权合同登记图字：01-2014-1108号

图书在版编目（CIP）数据

危险的设计——从建筑的设计与使用时发生的事故中
学习／［日］日经建筑编；王蕊译．—北京：中国建筑
工业出版社，2018.4
（建筑理论·设计译丛）
ISBN 978-7-112-21766-3

Ⅰ.①危… Ⅱ.①日… ②王… Ⅲ.①建筑设计－安全设计
Ⅳ.①TU2

中国版本图书馆CIP数据核字（2018）第009464号

本书由日本日经BP社授权我社独家翻译、出版、发行。

责任编辑：刘文昕　李成成
责任校对：李欣慰

建筑理论·设计译丛

危险的设计
——从建筑的设计与使用时发生的事故中学习

［日］日经建筑　编

王蕊　译

*

中国建筑工业出版社出版、发行（北京海淀三里河路9号）

各地新华书店、建筑书店经销

北京锋尚制版有限公司制版

北京富城彩色印刷有限公司印刷

*

开本：787×1092毫米　1/16　印张：13¾　插页：8　字数：332千字
2018年5月第一版　2018年5月第一次印刷
定价：79.00元
ISBN 978 - 7 - 112 - 21766 - 3
　　　　（31578）

版权所有　翻印必究
如有印装质量问题，可寄本社退换

（邮政编码 100037）

彩图附录

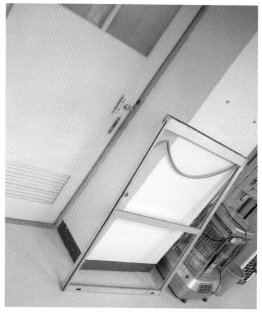

P014

P032

P034

P035

导致儿童坠落的天窗

导致儿童坠落的天窗

P035

P037

P038

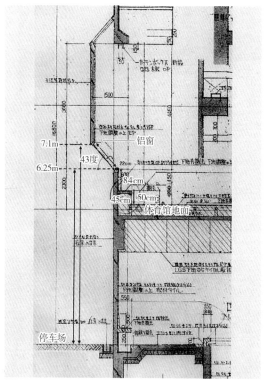

铝窗

7.1m
43度
6.25m
22cm
84cm
45cm 50cm
体育馆地面

停车场

P039

撞上自动门的玻
璃而闹开大玩日

从车站检票口
侧来人的路线

P042

Chino
Cultural
Complex

火
会洋
画展

自動廉

茅野市民館

P043

P045

P067

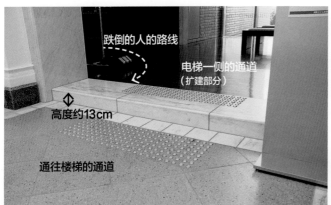

跌倒的人的路线

电梯一侧的通道
（扩建部分）

高度约13cm

通往楼梯的通道

这里有高差

电梯一侧的通道
（扩建部分）

唤起注意的牌子

通往楼梯的通道

跌倒的人的路线

P068

唤起注意的牌子

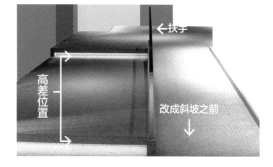
←扶手
高差位置
改成斜坡之前 ↓

P069

足元にご注意願います

P070

P071

P071

P072

P072

P073

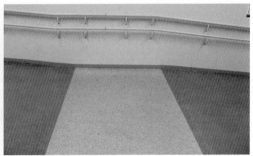

平坦部和斜面的
交界线

斜面

P073

事故后追加的扶
手栏杆

原来设置的扶手

P074

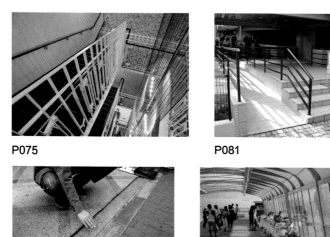

P075

P081

P081

P084

P085

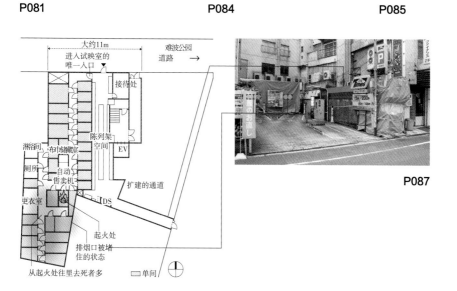

大约11m

进入试映室的唯一入口 ▼

难波公园道路 →

接待处

陈列架空间

EV

淋浴间

句间储藏室

厕所

自动售卖机

更衣室

凶

DS

扩建的通道

起火处

排烟口被堵住的状态

从起火处往里去死者多

单间

P087

三层 麻将馆

架子

洗涤槽

游戏机

窗

卫生间

柜台

EV（电梯）

柜子

复印机

架子

门

四层 餐饮店（夜总会）

窗

长椅

架子

柜台

架子

寄存处

EV（电梯）

卫生间

门

温度测定点

烟浓度测定点

一氧化碳测定点

P092

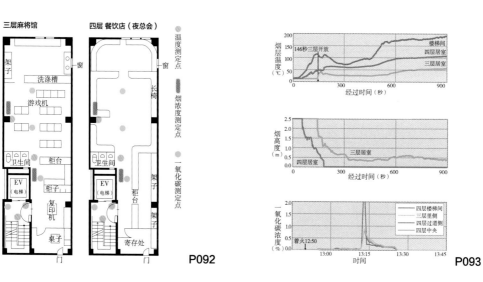

P093

P096

P104

P099

P105

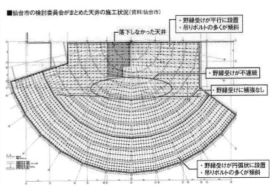

■仙台市の検討委員会がまとめた天井の施工状況（資料:仙台市）

・野縁受けが平行に設置
・吊りボルトの多くが傾斜

落下しなかった天井

・野縁受けが不連続

・野縁受けに補強なし

・野縁受けが円弧状に設置
・吊りボルトの多くが傾斜

P108

P117

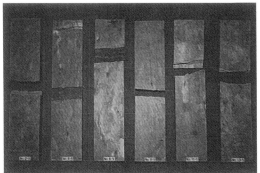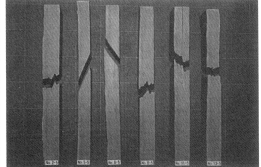

P123

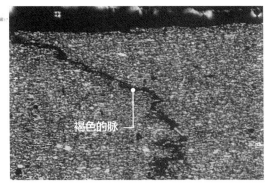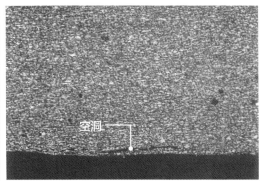

褐色的脉

空洞

P123

P125

P136   P137

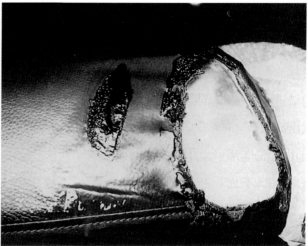

P142

P144

P146

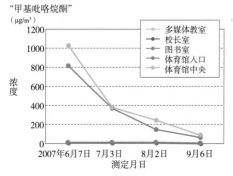

"甲基吡咯烷酮"
（μg/m³）

浓度

图例：
多媒体教室
校长室
图书室
体育馆入口
体育馆中央

2007年6月7日　7月3日　8月2日　9月6日
测定月日

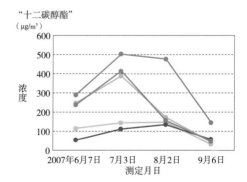

"十二碳醇酯"
（μg/m³）

浓度

2007年6月7日　7月3日　8月2日　9月6日
测定月日

P151

P156

P168

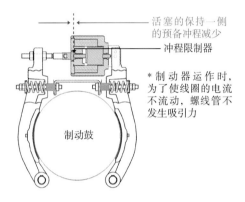

活塞的保持一侧
预备冲程

制动线圈的短路

线圈

螺线管发生的吸
引力下降

活塞

制动臂

制动鼓

闸皮的摩擦消耗

活塞的保持一侧
的预备冲程减少

冲程限制器

制动鼓

＊制动器运作时，
为了使线圈的电流
不流动，螺线管不
发生吸引力

P173

P186

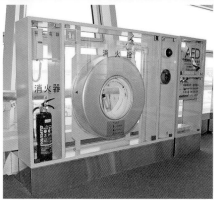

P187

P188

P188

P189

P190

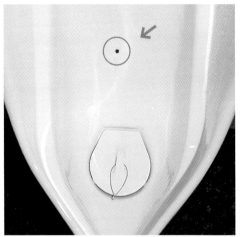

P191

P198

P199

P205